基于地域性的
绿道
景观设计

REGIONALISM−BASED GREENWAY
LANDSCAPE DESIGN

谷康　徐国栋　张立平　朱春艳　等◎著

东南大学出版社·南京

前　言

　　城市绿道景观能满足人们的多种需求,比如休闲娱乐、交通出行、文化科普等。依据马斯洛提出的需求层次论,人类的需求分为生理需求、安全需求、社交需求(归属与爱)、尊重需求和自我实现五个层次,以此可将人的需求大体划分为物质性需求和精神性需求。物质性需求是城市绿道景观设计需满足的基本层次,包括绿道景观的安全性、健康性、适宜性和通达性;精神性需求是易识别性、领域感、文化性与尊重感的满足,是城市绿道景观设计的高层次追求。在绿道设计中,地域性的差异会使各个城市形成独特的文化与个性,所以设计时要综合体现出地域性自然环境与人文特色。城市绿道景观设计时地域性的体现主要有三点:领域感、文化性、易识别性。这是对人精神性需求的满足,因而在城市绿道景观设计中具有重要的意义。

　　绿道景观设计应充分尊重原有生态环境。景观设计不应是闭门造车的"绝妙",而应该是在充分调研基础上实证的"精妙"。设计过程必须尊重自然,建立正确的人与自然的关系,在设计前进行充分的生态资源调研和分析,设计时尽力保护好潜在的自然动植物群落,尽可能地减少对原始自然环境的改动。充分运用深厚的文化底蕴,把传统风貌的精华与先进的规划理念相结合。新旧风貌的合理衔接,使绿道景观既具有鲜明的地域特色,又包含西方艺术元素,让传统文化在新时代的背景下得以延伸,体现现代城市开放、包容的文化精神。

　　把握大尺度比例设计。绿道景观设计通常都建立在较大尺度基础之上,对功能、技术的限制相对较少,而通过比例尺度的大开大阖,给予其很大的创意发挥空间。

　　着眼细部,独具匠心。细部是秩序和意愿的载体,更是设计师"匠心独具"的最佳发挥之处。在设计中,细部因其具有极佳的表现性,能够很好地体现地域文化特色,这一点与景观设计中的人文需求高度一致。同时,细部设计还能够创造出空间感和场所感,并带有时代的特征,历久弥新、耐人寻味。

　　本书立足于相关理论研究和具体实践成果,系统全面地研究绿道景观设计的地域性表达。首先梳理相关基础知识及理论,总结国内外绿道理论研究的进展,从城市绿道景观地域性表达的意义、方法等方面对城市绿道景观进行详细的解读,并结合国内外案例进行分析。在此背景和基础上,以国内具体实践成果青岛市崂山路城市绿道和常州市南部新城长沟河两岸绿道为例,研究地域性的绿道景观设计方法,为相关研究提供理论基础和思路参考。希望本书能对地域性的绿道景观设计领域相关研究的深入及发展起到一定的积极作用,也希望能吸引更多专家、学者关注并加入绿道景观的研究,逐步完善相关理论、实践体系,进一步推动城市绿道的建设和发展。

在本书出版之际,衷心感谢南京林业大学风景园林学院硕士研究生刘广宁、郭杨和赵峰同学,本书的一部分材料源自他们撰写的硕士学位论文。成书过程中,南京林业大学风景园林学院硕士研究生邓可、陈欣欣、麻菁、王敏等同学不辞劳苦,收集、整理相关资料,在此表示深深的谢意,感谢他们为本书付出的辛勤工作。另外,我要感谢课题合作伙伴们以及学生们,感谢他们对我的支持和帮助。

此外,感谢本书引用文献的作者们,是他们的研究拓宽了我的视野,本书的完成与他们的研究成果是分不开的。最后,还要衷心感谢东南大学出版社的编辑及相关工作人员为本书顺利出版所付出的努力。

本书中所引用的相关研究成果和资料,如涉及版权问题,请与著者联系。

望读者批评指正,以便今后进一步修改补充!

笔者

2020 年 8 月

目　录

图片目录

书中图表均为作者自制。

表格目录

1 绪 论

1.1 相关概念

1.1.1 绿道的概念

绿道,英文译为"green way",绿道一词在 1959 年首次出现并被威廉·怀特(William H. Whyte)所用[1],1987 年首次被美国户外游憩总统委员会(President's Commission on Americans Outdoor)官方认可,将绿道定义为提供人们接近居住地的开放空间,并连接乡村和城市空间,将其串联成一个巨大的循环系统[2]。随着对绿道研究的深入,不同国家的学者对于其科学定义作了不同表述。1990 年,查尔斯·E.利特尔在他的经典著作《美国绿道》中将绿道的核心内容定义为:"绿道是一种线性开放空间,它通常沿着自然廊道建设,如河岸、河谷、山脉或者在陆地上沿着由铁道改造而成的游憩娱乐通道,也是一条运河、一条景观道路或者其他线路。绿道开放空间把公园、自然保护区、文化特性、历史遗迹,以及人口密集地区连接起来。在某些地区,狭长的地带或线性公园被指定为公园道(parkway)或绿带(greenbelt)[3]。"作者将其划分为 5 种主要类型:①城市河流(或其他水体)廊道;②休闲绿道,如各种小径和小道;③强调生态功能的自然廊道;④景观线路或历史线路;⑤综合性的绿道系统或网络。

1.1.2 地域性相关概念

1.1.2.1 地域性概念

地域性(regional):指对象与一个地区相联系或有关的本性或特性。或者说就是指一个地区自然景观与历史文脉的综合特性,包括它的气候条件、地形地貌、水文地质、动物资源以及历史、文化资源和人们的各种活动、行为方式等[4]。地域性并不能等同于多样性,准确地说,地域性所体现的是有关一个地区的自然环境、文化、风俗、生活方式及其他物质载体等各种因素的相关类似性[5]。地域性不同于地域主义或地区主义,它是人生存的自然环境与生俱来的特性,并最终反映在人生存的社会环境中,这使得社会环境同样带有了与之对应的特性。地域性是对于某特定的地域,其中一切自然环境与人文环境共同构成的共同体所具有的特征。

地域性本身并不代表着差异性,但是由于地域本身之间的差异才造成了地域性之间的差异,即地域的个性[6]。城市历史学家刘易斯·芒福德认为"每一个区域、每一个城市都有着深层次的文化差异"[7]。这里的"深层次的文化差异"就是导致地域性差异的人文因素。具体来说,地域性的差别表现为:一、客观存在的地形、地貌的差别。二、处于该地域的人类社会的生活形态及社会群体的价值观念、生活习惯、生活方式、审美观念、文化传统等方面的差别。

地域性具有传统性的特征,它强调对地域历史和人文传统的尊重。但是如果片面地把地域性等同于传统性,只是一味地继承,那么传统又失去了活力和发展的机会,成为一种桎梏,所以地域性又具有一定的时代性。芒福德曾经说过:"地域主义并不是有关使用最现成的地方材料,或是抄袭我们祖先所使用的某种简单的构造和营建形式。"[8]事实上,他赞成如果不能对历史先例加以变通以满足本地区不断变化的需求,就应该彻底抛弃。他进而认为:"人们谈论地域主义特征的方式经常好似将其作为土著特征的同义词;那就是将地方与粗糙、原始和纯当地性相等同,这便犯了严重的错误。"地域性就是要在地域环境和地域历史以及地域文化的基础上,寻求新的景观表达方式,丰富景观的内涵与表现形式,使园林景观能够与时俱进,满足人们的生活方式。

1.1.2.2　地域性的构成要素

地域性是当地自然因素与人文因素的总和,它是当地自然条件和人类活动共同影响的历史产物[9]。由于世界上各区域气候、水文、地理等自然条件不同,形成了各具特色的地域特征,也形成了丰富多彩的人文风情和地域景观。可见,地域性主要由两方面的要素构成:一方面,它依赖于景观所处地域的自然环境,包括地形地貌、气候特征、植物特征、水文特征,即自然要素;另一方面,它又被历史人文所影响,包括历史文化和风土人情,即特定地区文化意识形态所形成的人文要素。

1. 自然要素

地域性的自然要素是其存在的基础,它们共同构成了人类行为空间的主要载体,主要包括地形地貌、地质水文、土壤、植被、动物、气候条件、光热条件、风向、自然演变规律。

(1) 地形地貌

地形是指地势高低起伏的变化,即地表的形态。地貌即地球表面各种形态的总称,分为山地、盆地、丘陵、平原、高原等八种。中国幅员辽阔,地域宽广,涵盖了比较广阔的经纬度区域,因而地形地貌丰富多样,形成了许多比较好的天然地貌资源。《园冶》[10]有云:"相地合宜,构园得体。"

在《园冶》中,明末造园家计成就已经把地形作为一种重要的设计要素,并单独设有《相地》篇以讨论各种形式的地形。

自然的地形地貌是大自然赐予人类的最自然的形态,经过了长期的自然雕琢而成,对于该地区而言,是最适合的,也是最自然的。"清水出芙蓉,天然去雕饰。"这样的自然美景,是中国古代的造园师竞相模仿的对象,他们运用精巧的技艺,讲究"因地制宜",叠山理水,从自然的地形地貌中寻求地域的自然之美,把自然的精华浓缩于园林之中,赋予园林新的生命、活的灵魂,从而达到"虽由人作,宛自天开"的境界。

（2）气候特征

气候是地球上某一地区多年时段大气的一般状态,是该时段各种天气过程的综合表现。由于太阳辐射在地球表面分布的差异,以及纬度位置、海陆分布、大气环流、地形、洋流等因素的影响,在地球上一定范围内分布形成各气候区,在植被、动物、色彩等方面的差异形成独具特色的气候景观。

气候和园林之间的联系十分密切。总体而言,气候能影响园林的设计形式和设计效果,而园林的生成则能调控气候。尤其是现在气候问题已经成为全球性的大问题,许多国家都在积极采用绿化的方式来调节气候。气候可以影响园林中的植物,同时,也能对一个区域的大环境起到决定性的作用。

不同的地域有不同的气候条件,不同的气候条件带来自然界一切动植物景观的异同,这些天然的气候条件造就的景观本就是一种地域文化[11]。

（3）植物特征

植被是人居环境建设中一个需要高度重视的因子。植物大致可分为乔木、灌木、草本地被等类型,而不同的气候、地质、土壤条件所导致的植被类型都不尽相同。就中国而言,就有寒温带针叶林区、温带针阔叶混交林、暖温带落叶阔叶林区、亚热带落叶、常绿阔叶混交林区、热带常绿阔叶林区、热带雨林、雨林区、温带草原区、温带荒漠区、青藏高原高寒植被区等十一类植物区划。如此众多的植物类型,是植物适应本地地域条件的结果,同时也成为一个能直观反映地域特征的因子。一些已与地域特色融为一体的植物甚至演化成了一个国家或者是一个地域的象征,在我国如国花、市花、国树、市树等等,如樱花就是日本的象征,枫树是加拿大的象征,枫树不仅成为加拿大的国树,就连国旗上也印有枫叶图案。

（4）水文特征

水是地球表面分布最广和最重要的物质,人类的生活更是不能没有水。自远古以来,人类即自觉地择水而居,滨水地带几千年来更是成为人类高强度、高频率活动的地带。地球上各类形态的水体,如海洋、河流、湖泊、地下水、大气水分、冰等共同构成了地球的水圈。具体就河流而言,有水位、流速、流量、径流等相关要素,湖泊有湖水的定振波、湖流、湖水化学成分等相关要素,沼泽则有径流极小的特征。

2. 人文要素

(1) 历史文化

任何一个城市都有其发展的历史背景。这些历史背景从城市开始形成就一直伴随其左右,融合为一体,成为每个城市独特的文化特征,它是人文景观要素中较特殊的一部分。因而,在地域人文特征层面,历史文化背景是不可或缺的一种要素,它是贯穿整个城市发展过程的脉络,具有独特的历史价值,也是研究不同城市的地域变化发展从而进行现代地域性景观设计创作的基石。

面对基本社会过程中不断增长的世界化,面对使个体和集体状态统一化的压力,个性的觉悟成为一种压倒一切的需要,即对特性的需要的表现。在所有的地区,文化特性似乎成为历史的主要动力之一,捍卫特性不仅被看作是古老价值的简单复活,更主要的是体现了新的文化设想的追求[12]。

(2) 风土人情

每个民族都有自己的风土人情。风土人情是一个民族在物质文化、精神文化、家庭婚姻等社会生活各方面的传统,是各族人民历代传承下来的风尚和习俗。风土人情具有社会性、稳定性和传播性的特点,它体现在居住、服饰、饮食、生产、交通、工艺、家庭、村落、社会结构、职业、岁时、婚丧嫁娶、宗教信仰、禁忌、道德礼仪、口头文学、心理特征和审美情趣等生活的方方面面。

我国作为一个多民族的国家,每个民族都经历了长期的发展与演变,并且因为生活的地理环境不一样,在生活习俗上也有很大的差异,从而形成了丰富多样的民族特色。这些民族特色逐渐发展为一种极为稳定的表现形式,继续发扬传承,最终表现为地域性特征。

1.2　景观的地域性表达

1.2.1　景观与地域的联系

地域是一种学术概念,是通过选择与某一特定问题相关的诸特征并排除不相关的特征而划定的[13]。地域性将地域的概念反映在某种存在的特性上,而景观又将地域性中不确定的"某种存在"限定在了某一地域范围内的自然要素与人文要素之中。

1.2.2　景观的地域属性

由于世界上各区域气候、水文、地理等自然条件不同,形成了各具特色的地域特征,也形成了丰富多彩的人文风情和地域景观[14]。因此风景园林的地域性通常是指在一个相对固定的时间范围和相对明确的地理边界的地域内,景观有其内在的、具有一定普遍性的、相对稳定的自然和社会文化特征。虽然随着时间的推移,地域特征会发生一定的变化,但在一定的时间段内,这种特征是稳定的,是可以把握、描述和加以表现的[15]。

景观与地域两者是密不可分的,地域性作为景观的固有属性,是客观存在的。因此,在这个基础上,景观的地域性又划分为显性和隐性两大类[16]。景观地域性的显性特征主要表现在可见、可感知的要素上面,而景观地域性的隐性特征常常要深入挖掘才能逐渐清晰明了,再为人所掌握。

1.2.2.1　景观地域性的显性特征

景观地域性的显性特征主要是指地域性景观所表现出的可以直接被人感知、显现在外的特征,包括自然要素中的地形地貌、植被特征、水文特征、气候等,以及人文要素中历史遗迹、建筑形式、地方材料等实际存在的元素。这些显性的特征是认知地域性景观的重要基础,也是地域性景观显现的重要媒介。

1.2.2.2　景观地域性的隐性特征

地域性景观的隐性特征主要是指地域性景观所表现出的不能直接被感知的、隐藏于显性特征之内的内在本质特征,是需要经过深入分析、理解、总结的过程来显现并被认知的[17]。地域性景观的隐性特征主要包括自然的演变规律,自然文化内涵,以及社会的经济状况,历史文脉,文化传统和人们的生活方式、风俗习惯等。

1.2.3　地域性的景观表达层面

1.2.3.1　自然层面

地域性景观的自然要素是其存在的基础,它们共同构成了人类行为空间的主要载体,主要包括地形地貌、地质水文、土壤、植被、动物、气候条件、光热条件、风向、自然演变规律。

其中,地形地貌包括地势及天然地物和人工地物的位置在内的地表形态,是体现地域特征、界限、功能等的主要载体。广义的地形是构成自然景观空间的主体;自然要素中的地质水文、土壤既包括地表显性的特征,又包括地下的隐性特征,如地下水、矿物质等;动、植物是自然要素中生命力表现最强的要素,也是最能体现人类对自然的改造程度的重要指示剂;光照、风、温度、湿度、降雨等是自然要素中变化频率最快的,也是给予自然养分与能量、赋予生命的重要元素;自然机理——《现代汉语词典》中机理的解释是为实现某一特定功能,一定的系统结构中各要素的内在工作方式以及诸要素在一定环境下相互联系、相互作用的运行规则和原理。自然机理的研究是对自然演变规律的把握,以及人类利用自然的方式与程度的分析。

1.2.3.2 人文层面

地域性景观中的人文要素可以说是自然要素的外延,是人类利用自然、改造自然的成果,也是自然作用于人类而表现出的各种意识形态。人文要素是以人为主体,以自然要素为基础的人类活动标记。人文要素的内涵是人类利用自然的最合理方式,包括居民点、城市、绿洲、种植园等,也包括社会结构、历史文化、生活方式、传统习俗、宗教形式、民族风情、经济形态等。人文要素是受制于自然机理的,是不同社会制度下人类对自然改造、利用的程度与方式。

自然要素与人文要素在地域性景观中是互相依存的[18]。人们利用自然要素,运用自然的机理,在遵从自然可承受力的基础上构建人文要素。自然要素与人文要素在长期的积淀之中彼此不可分割。无论是自然要素还是人文要素都包含着物质的形态与非物质的形态,它们共同作用于地域性景观,并最终表达地域景观的特征。

1.3 国内外理论研究

1.3.1 国外理论研究

国外绿道的理论对于地域性这一点基本没有直接的研究,通常是从绿道的功能性角度出发,阐述绿道具有串联和保护文化遗产、历史古迹等作用,更多的是强调对动植物的保护以及生物多样性的修复,其次是讲绿道作为线形的开放空间,能够为人们提供一个通行、游憩、接近自然的绿色空间,使人们能够更好地接近、了解城市的文化。

查尔斯·E.利特尔在1990年出版的《美国的绿道》(*Greenways for America*)中将绿道定义为沿着诸如河滨、溪谷、山脊线等自然走廊,或是沿着诸如用作游憩活动的废弃铁路线、沟渠、风景道路等人工走廊所建立的线形开敞空间,包括所有可供行人和骑车者进入的自然景观线路和人工景观线路。它是连接公园、自然保护地、名胜区、历史古迹等与高密度聚居区之间的开敞空间的纽带。

法伯斯将绿道定义为重要的生态廊道、游憩型绿道和具有历史文化价值的绿道[19]。绿道与其他人工修建的道路系统最大的区别就是,潜在的绿道正如自然基础设施一样是本身就存在的。人们需要正确认识、理解并保护这些自然廊道,而不是新建立这些廊道。法伯斯同时还在《景观设计学》上发表的《美国绿道规划:起源与当代案例》中提到将绿道定义为有生态意义的廊道、休闲绿道及具有历史文化价值的通道。

伦敦格林尼治大学建筑与工程学院的汤姆·特纳(Tom Turner)教授是欧洲对绿道研究最多的学者之一。他在 1995 年对绿道作了一个极其简洁的定义:绿道是一条从环境角度被认为是好的道路,这条道路不一定为人类服务,也不一定两侧长满了植物,但是一定要对环境有积极意义[20]。

欧洲绿道联合会 EGWA 于 2000 年对绿道作了如下界定:①专门用于轻型非机动车的运输线路;②已被开发成以游憩为目的或承担必要的日常往返需要(上班、上学、购物等)的交通线路,一般提倡采用公共交通工具;③处于特殊位置的、部分或完全退役的、曾经被较好恢复的上述交通线路,被改造成适合于非机动交通的使用方式,如徒步、骑自行车、被限速或特指类型的机动车、轮滑、骑马等[21]。

1.3.2 国内理论研究

张文、范闻捷在《国外城市规划》2000 年第 3 期上发表《城市中的绿色通道及其功能》,正式在中国引进了欧美国家"绿色通道"的概念,开创了绿色通道在中国理论研究的先河[22]。

刘滨谊、余畅探讨分析绿道建设的现实背景;对绿道的基本概念、类型、功能、发展历史及趋势等基本内容作了综述;对绿道的规划建设的理论体系进行分析;分析中美各自的绿道建设现状和趋势,着重介绍了美国新英格兰地区的绿道网络规划,并对中美建设水平与差异进行分析比较,探讨符合中国现状的绿道建设方式;最后根据我国现有国情,对绿道规划设计的方法稍作了探索[23]。

郑志元等人针对城市旧城更新中绿道空间活力与地域化进行了研究,他强调在绿道设计中,要充分提取地域元素,将其融入地形、环境小品、铺装、构筑物、水景等设计中,创造具有浓郁文化氛围的空间环境,增加空间归属感,表达地域特色[24]。

张庆费将绿色通道网络称为"绿色网络",阐述了多功能绿色网络概念及其产生的背景、绿色网络可带来的社会效益和环境效益以及构建原则,提出以植被和水体组成的绿色空间为对象进行城市绿地系统规划,积极引导城市总体规划,实行城乡一体化,恢复自然景观,促进城市自然保护[25]。

赵兵等在对江南水乡休闲绿道建设的研究中指出,休闲绿道的建设可以将富有地域特色的景观,如山丘、水体、农田、林地等纳入其中,通过不同的造景手法加以强化体现,形成因地制宜、具有地方特色的城市绿地景观[26]。

季洪亮、段渊古、张杨在《绿道在城市绿地系统规划中的应用》一文中提到,绿道设计要强调区域历史、文化、自然特征,将园林绿地、农业用地、城市景观及历史文化相融合。注重绿地系统对生态环境建设的作用,通过对城市绿地、林带、果园、花圃、苗圃等进行统一建设和规划,创造城乡一体化的特色绿道景观,为绿道建设注入浓厚的历史文化内涵[27]。

2 地域性绿道景观设计

地域性不仅能反映某特定地区的文化特色,而且是某特定地区的物质景观形式、空间组织美学与当地历史背景的有机整合。具有地域性特征的城市绿道景观能够表现出与当地的自然地理、社会文化等地域性因素相吻合的特征,而不同地域划分的自然地理、社会文化背景、价值取向的诸因素又使得各地具有地域性特征的城市绿道景观形成具有鲜明地域风格的风景园林形式。由此可见,城市绿道景观的地域性本身就是自然、地理、文化、历史、风俗在某一地区空间形态上的反映。

2.1 城市绿道景观中地域性表达的意义

2.1.1 领域感——营造场所精神

城市绿道景观设计应尊重地域、自然、地理的特征,适应场所自然过程,尽量避免对地形构造和地表肌理的破坏。设计师应以专业的眼光去观察、认识场地固有的特性,充分发掘景观资源。摈弃"愚公移山""精卫填海""围海造田"的做法。设计形式应以场所的自然过程为依据,依据场所中的阳光、地形、水、风、土壤、植被及能量等。设计的过程就是将这些带有场所特征的自然因素结合在设计之中,从而维护场所的健康。

地域性在城市绿道景观中的体现,尊重场所精神,有利于城市居民增加对场地的亲切感与熟悉程度,从而进一步推动场所精神的营造。

2.1.2 文化性——再现历史文化

城市绿道本身具有串联和保护城市历史文化古迹和遗址的作用,因而将地域性融入城市绿道景观设计中有助于对城市历史文化古迹与遗址的保护与开发,并让新建城市绿道景观与历史景观和谐共生。基于人们对历史文化遗产保护观念的成熟和实践经验的积累,许多国家的大城市既保护好应当保护的城市文化遗产,又使新建筑得以创新、发展,两者是共生、互补的关系。城市的景观新老交替并存、统一协调,其结果是城市的特色反而更突出和加强,而不是衰弱。因而,地域性元素能够加深对城市历史文化的再现,唤起人们对历史的记忆。

2.1.3 易识别性——突显城市特色

地域性特征与设计场所紧密相连。地域性特征的组成要素从自然地理特征和人文历史特征两个层面反映出一个地域区别于其他地域的特色所在,地域性依附于一个地域的发展而存在与发展,依附于一个地域的变化而发生相应的变化,与城市紧密相关,无法脱离开来。因而,地域性是一个城市的核心灵魂所在。因此,地域性在城市绿道景观中能够作为突显城市特色的亮点,形成城市名片,创造鲜明的城市特色,给人留下深刻的印象,增加绿道景观的识别性。

2.2 城市绿道景观中地域性表达的方法

城市绿道景观规划设计包含宏观和微观两方面的内容,因而在探讨城市绿道景观中地域性表达的方法时,需要分别从规划层面和设计层面出发。

规划层面上,城市绿道的选线需要根据不同场地、地域的性质,按照地形地貌以及节点位置合理布置,尽可能将各主要景观节点串联起来,综合场地的地域特征,将城市绿道的作用发挥到最大化,突显城市特色。

从设计层面出发,我们需要根据城市绿道景观中的设计要素,综合考虑地域性的表达方法。

2.2.1 界面处理

地域性在城市绿道景观中的表达方法首先体现在界面的处理上,主要表现为对地形地貌的尊重。人类在不断寻求发展的同时,也常常有意无意中破坏了我们周围的环境和生态平衡。每次当土地表面进行整平或者因为建设原因需要切割时,便开始了一系列的破坏。随着植物和有吸收力的地被的去除,便开始了土壤侵蚀的加速过程,造成了暴雨径流的路径,土壤的结构改变了,稳定性降低了,生物的栖息地被破坏了,甚至改变了光照的特性和声音的强度,最终使得整个景观的场所性受到了影响。正如西蒙兹在其著作《大地景观:环境规划设计手册》中所说:"一台运土机械一个早晨的喧闹工作就可以永久地给社区留下伤痕。"[28]

城市绿道景观中界面的处理应当体现地域性特色,即尊重场地地形地貌,与周围环境和谐共生。这种关系并非被动地适应和仅仅保存场地原有地形,而是在处理城市绿道景观中的界面时,充分考虑场地的地形、高差、土壤环境以及水体等因素,在尊重场地地形结构的同时,尽量减少对原场地环境的破坏,使得绿道界面与周边环境合理衔接,充分体现当地地域环境的特色,塑造具有鲜明地域性特征的场地环境,使人产生共鸣。

2.2.2 绿化设计

植被绿化是城市绿道景观中最重要的造景要素,并且受气候的影响最大,在不同的气候条件下生长着具有差异性的植物品种和植物群落。植物以其丰富的色彩、多样的形态形成园林的主体景观,也构成不同地区的典型植物景观特色。

地域性在城市绿道景观中的表达方法,很大程度上取决于对植被绿化的设计上,即做到因地制宜,适地适树。因地制宜就是根据地区的气候特点、不同的地理条件以及公园绿地、风景点、建筑物的性质、功能和造景的要求,充分利用现有绿化基础,合理地选择树种。力求适地适树,科学地、有机地合理搭配,栽植成各种类型的植物群落,组成多样的园林空间和园林景观,达到既绿化又美化的理想效果,以满足游憩和赏景等多种活动功能需要。但是需要注意的一点是,适地适树不仅仅要做到尽可能地运用乡土树种,而且应该注意对于城市绿道景观设计中原场地现状植被的保留与应用。原场地的植被作为场地中历史的见证,具有鲜活的生命力,充分保留与应用现有的植被,能够更好地再现场地的历史与记忆,唤起人们对于场地的情感,尽可能发挥场地的功能。

2.2.3 公共服务设施设计

地域性中的人文要素层面包含了大量的地域历史文化特征,将这些历史文化元素提炼、升华能够形成具有鲜明地域特征、代表城市形象的典型符号,再将这些文化符号融于城市绿道景观中公共服务设施的设计中,使得这些景观小品、标识系统、景观建筑等服务设施具有城市的标识,能够轻易区别于其他城市绿道景观,这就给这些平凡的事物赋予新的生命力,使之充满生机与活力。

2.2.3.1 标识系统

城市绿道景观的标识系统包括信息标志、指示标志、规章标志、警示标志以及教育标志。这些绿道标志是为使用绿道的人们提供绿道相关信息的设施,因而需要具有清晰、简洁、规范和通用性的特点。地域性在城市绿道标识系统设计中的表达,从人性化角度出发,需要注重考虑各种人群的需求,对于有视力障碍的群体,需要提供相应的方法提供准确信息。从文化角度出发,可以提取城市文化元素符号,将典型的色彩、材料、文化符号运用其中,使标识系统具有地域特色。

2.2.3.2 景观小品

城市绿道景观中的景观小品包括亭、廊架、座椅等。将地域性元素融入城市绿道中的景观小品设计中，首先需要坚持以人为本的设计原则，从人的角度出发，根据游人需要合理分布。同时在设施的细节处理上可以考虑提取地域性的色彩、材料、文化符号，仔细研究和挖掘地方特色，以使得在整个城市范围内人们都能感受到独特鲜明的城市印象。

2.2.3.3 服务建筑

一个城市的建筑形式必定承载和体现各个历史阶段的民族和地域的文化。建筑是历史文脉的重要载体，每一种文化都离不开建筑这个载体，建筑总是把历史文脉、地域特色非常有效并完整地记录下来。城市绿道中对地域文化的表达，吸收、借鉴传统建筑文化是重要途径之一。在城市绿道中，建筑是公园的重要组成要素之一，通过富有地方特色的园林建筑和设施，使公园表现出明显的地域差别。

在城市公园设计中对于传统建筑的借鉴，主要通过建筑物本身的布局、形式、结构、装饰、色彩等给予表达，方式多种多样，可以直接引用这些传统形式，也可以提炼传统中最具特色的元素，经过加工创造，再现传统。

传统建筑通常都是就地取材，充分利用本地自然资源。地方材料不但造价低廉，而且有利于可持续发展。此外，长期生活在一个地方的人们对于某种地方材料不但在认识上有更深的了解，而且这些材料的质地、机理、色彩甚至气息与他们的日常生活水乳相融，构成了他们记忆和情感的深层内容。因此，公园设计中，也常通过运用本地材料和工艺来体现地域特点。

2.2.4 游径设计

城市绿道景观设计中游径的设计主要包括三种类型，即步行游径、自行车游径和水上游径。

步行游径的设计主要从人性化角度出发，考虑人们的使用需求，合理设置步行游径的线形、宽度、材料等。由于绿道使用对象多样，步行游径应该充分考虑适用于不同年龄类型尤其是残疾人的需求，真正做到人性化。

自行车游径由于与步行游径功能不同，因而在选线布局、宽度、材料等方面都会区别于步行游径的设计。选线方面自行车游径需要综合考虑场地的地形地貌，线形布置尽量选择较为平坦的地域，避开高差较大的山坡地形，减少坡面的设置，降低骑行难度，尽可能满足不同年龄层次的需要。

水上游径的设计主要考虑部分城市绿道与周边水体的结合，可以根据不同场地地形以及周边居民的需要，设计水上游览路线，提供便捷性的同时也丰富了通行方式。

2.2.5 节点设计

2.2.5.1 综合节点设计

城市绿道中的节点按照不同的功能和性质可分为商业节点、文化节点以及娱乐休闲节点等。这些节点作为城市绿道景观"线"所串起来的"点",具有场地空间大、景观层次多样、历史文化深厚等特点,能够承载地域性的特性,进而对地域性在城市绿道景观中的表达具有重大作用。

（一）尊重场地地形

城市绿道景观节点的设计首先需要创造足够的空间,在有限的空间中提供满足人群各项需要的功能,比如休憩、购物、娱乐等活动需要。因此从地域性角度出发就需要我们综合考虑绿道周边的用地情况以及场地地形地貌,尽可能尊重原场地地形,保证地域性特征的存在。

（二）体现历史文化

将地域性融于节点的设计中需要对当地地域文化进行充分的考察研究,提取可利用的文化元素,将城市的地域性文化特征与节点的景观很好地融合,增强地域文化的表达,增强节点对于历史文化的科普教育功能。

（三）人性化

人性化的考虑基于节点需要满足人们各项需求的功能,一切设计都需要充分考虑人们的感受,从人性化角度出发,使场地的尺寸、材质以及色彩都能够满足当地居民的要求,并且符合当地城市的审美需要,使之融合于城市的大环境,成为城市的一部分。

2.2.5.2 交通节点设计

城市绿道景观中的交通节点主要指城市绿道的慢行系统与城市内部交通的衔接设计,其中包括多种过路过桥方式,使城市绿道网络能够与城市交通有很好的衔接,保证绿道交通的连贯性和完整性,因而交通节点的设计在地域性方面的考虑就尤为重要。交通节点的设计需要考虑城市绿道与城市道路的衔接,可以根据不同情况设计不同的形式。

（一）换乘

考虑城市中公交站台的布局,对于城市公交站台与绿道路口距离相近的可以进行换乘。

（二）共线

城市绿道局部范围较窄的区域可以将城市绿道交通路网与城市非机动车道或人行道进行结合,两者共用一条道路。

（三）平面交叉

当城市道路与城市绿道交通发生交叉时,应在路口设置斑马线,综合采取隔离设施、交通信号灯、限速设施等进行解决,保证游人的安全性及绿道的完整性、连贯性。

（四）立体交叉

针对城市主要十字路口不同地形高差,设计下沉式过街通道或高架式景观桥连接两旁绿道的步行系统,在保证完整绿道休闲空间的基础上,为城市主要交通节点创造集聚性的开放空间和城市小型景观地标,尊重地域特性,丰富城市景观元素。立体过街设施的设计应符合城市景观的要求,可以同时服务于骑车者和步行者。对于步行者来说,立体过街设施应方便步行者到达周边的地区,出入口应与附近建筑物密切结合。除了立体过街设施处理人行天桥外,还有地下通道,地下通道应尽量和周边的商区结合,带动地下商业发展。与此同时,要与轨道交通相结合,使用清晰的标识系统,引导人们去不同的地方。

2.3　国内外案例分析

2.3.1　历史性——对传统历史文化的尊重和保护

2.3.1.1　圣安东尼奥河景观复兴

（一）项目概况

圣安东尼奥市位于美国得克萨斯州南部,是美国第八大城市,是全美负有盛名的观光旅游城市之一。其文化氛围极富异国情调,西班牙文化的遗迹随处可见,墨西哥的民族色彩也相当引人注目,加之美国印第安人的传统文化,文化的多元性为这个城市增添了浓厚的文化色彩。

圣安东尼奥河是一条宽度不及 2 m 的湍急小河,但在一片荒野的得克萨斯平原中却是救命的水源,因此先民格外珍惜。圣安东尼奥河的源头是圣安东尼奥市内的一处泉水。随着城市的快速发展,水资源的大量开采使地下水位急剧下降,泉水干枯。而且,由于河道防洪设施重新改造的缘故,圣安东尼奥河成为一潭死水,污染严重。自 1998 年起,贝萨尔郡、圣安东尼奥市政府、圣安东尼奥河管理局和不同的市民组织共同成立了圣安东尼奥河改造监督委员会来领导圣安东尼奥河的改造工程。在圣安东尼奥河改造监督委员会的领导下,SWA 集团开始了圣安东尼奥河的改造规划。

（二）规划策略

（1）注重可达性

关注滨水景观与周边的联系,增强景观的整体性和可达性。沿河建造一条长 24 km 的步行道路贯穿南北,使行人可以方便地到达河滨,并提高圣安东尼奥河的历史文化内涵,促进沿河地区的发展。

(2)传承本土文化

项目设计不仅只是设计师的任务,在操作过程中邀请艺术家加入进来,继承历史悠久的公共艺术,保护沿河古迹和文化遗产,运用本土材料塑造景观细部。

(3)提高河流生态环境质量

在河道内注入更多的再生水,通过改善河流生态环境达到净化水质的目的。在南部河段,根据河流地貌学原理,将河流恢复为更加接近天然河流的状态,使河床变得更加稳定;在北部河段,采用生态工程护岸,创造适合生物栖息的线性公园,同时为未来城市的发展创造一处环境宜人的滨水活动空间。

(三)典型例证

墨西哥艺术村的场地原为拓荒劳动者的社区,现在被重新规划为手工艺与画家的村落,成为展示城市历史文化的重要公共场所。在此随处可见正在出售的现场制作的木雕、绘画、陶艺等具有地方特色的物品。墨西哥艺术村位于市中心的黄金地段,交通便捷,如果将其进行二次商业开发必然能够带来巨大的经济效益。但是政府并没有将其用于商业开发,而是保留了原本的建筑和街区格局,加以维修和改造,将这里变成了艺术家的创作场所和手工艺品的销售市场。政府如此做法,不仅很好地保护了历史遗存和原有的城市肌理,而且有效地带动了该区域旅游业的发展。

2.3.1.2　上海苏州河滨水历史街区景观整治

(一)河流概况

苏州河发源于太湖瓜泾口,在上海市区外白渡桥附近汇入黄浦江,全长 125 km,平均河宽 40~50 m,是黄浦江最大的支流。苏州河催生了几乎大半个古代上海,此后,她又花了 100 年的工夫,"搭建"了近代国际大都市的最初框架。上海的市区就是从旧城厢沿着黄浦江和苏州河逐步扩大的。有学者称外滩是上海城市的立面,而苏州河滨水环境则是上海城市的断面。

(二)河流历史

苏州河由西向东流入黄浦江,而上海的都市化则是从东头的河口开始,溯流向西延伸的。沿河两岸曾经错落地散布着农田、湿地、芦苇、沟汊,遍布乡野气息,"秋风一起,丛苇萧疏,日落时洪澜回紫"。在都市化的铺展之势面前,这些土生土长的东西已不能与膨胀的经济共栖,它们不得不一步一步地向后退去。在它们腾出来的空间里,参差地立起了各类近现代建筑群。楼群临水而立,时人譬之为"连云楼阁"。它们以商业繁华为扩展中的都市画出了一种侧面的轮廓,流经其间的苏州河就此成了一条城市的内河。

百余年来,城市的发展过程与苏州河的开发利用过程是联系在一起的。人力的影响和支配,使苏州河逐渐被周边的社会经济构造所笼罩,也使苏州河在不息的流淌之中一点一点地失去了自然的本色。

伴随着历史的发展,苏州河沿岸也出现了不计其数的优秀建筑。如原英国领事馆、河滨大楼、公济医院大楼、上海总商会大楼等,这些建筑是历史的一部分,在苏州河畔凝神关注那一栋栋建筑时,也正在关注着历史本身。

(三)苏州河滨水历史街区保护的现实意义

(1)为城市发展增添新动力

随着时代的不断进步,人们对传统意义上的城市历史遗产保护有了新的见解。如何找到"保护"与"发展"的平衡点,探索出历史城市合适的发展方向与轨迹,成为当今城市发展的热点话题。保护与发展之间应该是相互促进的动态平衡关系,发展是万事万物变化前进的客观规律,是为历史街区注入新活力的基本出发点。苏州河滨水历史街区与众多其他历史街区一样,面临着保护与发展的矛盾。只有在规划建设过程中协调好保护的力度和发展的尺度,在发展中保护历史遗存,将珍贵的文化遗产保护起来,历史遗存新活力的迸发反过来才能够为城市发展增添动力。

(2)凸显历史人文价值

河流在某种意义上是城市历史的一面镜子,是引导人们探寻历史渊源的起点。那些令人流连忘返的"城市倒影"犹如一部部影像故事,将河流与城市的故事演绎得生动而鲜活。河流的价值在这浓缩的历史线索中得到新的提炼与升华。苏州河凸显了中国近现代文明、民族资本主义以及现代化印记,记录了上海由一个滨海渔村发展成为国际化大都市的历程,具有明显的地方特色。其两岸的文化景观丰富,是多元文化的融汇地,西方文化、本土文化、中西融合文化集聚于此,各种资源在地理位置上也比较密集,包括水、港、桥、路,建筑的整个空间特色鲜明,保护和开发价值巨大。

(四)苏州河滨水历史街区保护和再利用的主要途径

(1)分区段建立历史街区保护带

(2)延续历史建筑的原有功能

(3)历史遗产与住宅区建设相结合

(4)发展创意产业园

(5)借助产业遗产发展工业旅游

(6)构建城市滨河生态景观

（五）典型例证

上海 M50 创意园区位于苏州河畔莫干山路 50 号,这里原本是一片旧厂房和破损不堪的上海老式民房,破旧与古老的场面已与发展中的城市格格不入。

但是政府并没有拆除这些旧建筑,而是将其作为场地历史文化的记载完好地保留下来,之后被上海几个知名艺术家租来作画廊,逐渐发展成为创意产业园区,现在成为艺术家的创作天堂。随着莫干山路的出名,各类从事建筑、装潢、服装、家具设计的设计公司也纷纷入驻,甚至一些时尚的服饰店、艺术书店、音乐商店也相继冒了出来,成了一个时尚地带,文化艺术的奢华和朴素并存,这里被称为没有围墙的艺术堡垒。

2.3.2 时代性——与当代人文文化的融合和创新

2.3.2.1 洛杉矶河道复兴规划

（一）项目概况

洛杉矶河全长约 51 英里(约 82 km),最终汇入太平洋,流经洛杉矶市的河段长 32 英里(约 51 km)。由于大量新居民搬进洛杉矶市,对河流的改造工程在不断进行。70 年前,美国陆军工程局在基于防洪的考虑之上,设计了混凝土河堤。日复一日,自然河流的形态被人们渐渐遗忘。2005 年,河道复兴得到了市民支持,并针对包括土地利用、水质、生态、水文、人口统计在内的各方面情况和城市河流更新案例做了大量的调查研究,最终得出了洛杉矶河道复兴规划。

河流流经了包括高收入社区、商业中心区和低收入社区在内的城市不同区域。原有的渠化河道对不同区域在设计上并没有区分。而复兴规划针对各个区域的不同情况,综合了来自居民、公共机构、开发商及政府的不同意见,使得河流在防汛的同时,还能为城市提供大量的休闲娱乐开放空间,并获得经济振兴[7]。

（二）规划目标

（1）完善防洪防汛功能 加强河流对洪水的缓冲和储存利用,保障城市安全。

（2）恢复河流生态活力 改善水质,恢复河流的生态系统,提升栖息地价值。

（3）构建以河流为主线的城市绿色开放空间 创造一个连续的河流廊道;使河流与周边城市环境紧密联系;将河流的开放空间、河流风景特色引入城市之中;强调洛杉矶河自身特征,提高河流的可识别性;将城市的公共艺术与河流相结合。

（4）为市民提供多样的活动机会 使河流成为市民活动的集中地,

提高市民对洛杉矶河的荣誉感,引导市民参与河流复兴的规划和建设的过程,提供教育和其他公共设施,发掘洛杉矶河的文化价值。

(5)创造经济价值和社会价值　提升市民的生活质量,增加就业、住房、商业等机会,为可持续的城市规划设计及土地利用提供经验,复兴沿河衰败的街区。

(三)规划策略

规划主要从以下几个方面进行了考虑:

(1)四个核心原则　复原河流原貌、绿化周边地区、联系社区文化、创造附加价值。

(2)三个主要的系统策略　建设新的露天娱乐场所、改善河流水质、建造城市绿色网并与河流连通。

(3)生态改造　主要是水体处理,改善河流水质,包括储水、水质、公众入口和生态系统复原几个方面。可以把河堤改建成景观式的阶梯。这样的阶梯不仅能为野生动物提供栖息地,也有利于水质改良和公众安全,长期目标则是创建河岸动植物栖息地,复原河边的生态系统。

(四)分区规划

(1)根据河道沿岸的生态状况和周边居民居住条件区别对待,选择优先复兴区。在生态潜力良好的区域建设更多的绿化地带(卡诺伽公园),可以建设更多更安全的道路,也可以建设一个更加亲近自然的河岸和动物栖息地,河流复兴计划也包括了收集和处理雨水。在人口稠密、大量单一家庭住宅地区建设适合游戏和野餐的区域,也包括一条通往河边的林荫道。

(2)流经重工业区的河流段也能进行复原。河的复兴包括支流水质处理、重建河岸环境,让人们安全、和谐地和自然交流。这个地区的复兴证实了地区水质处理设施的潜力,以及提高生态功能和环境价值的可能性。

(3)对于一些传统的特色区域(唐人街)则采用了一个大胆的想象来复原生态系统,扩展自然环境。建造一个野生动物栖息地——这是一条专为鸟类和各类野生生物设计的"绿带区"。同时,这个地区还将建造一个滨水娱乐设施。

2.3.2.2　苏州金鸡湖

(一)项目概况

金鸡湖位于苏州工业园区中心,是一个天然湖泊,水域面积为 $7.4\ km^2$。为把金鸡湖打造成全国最大的城市湖泊公园,苏州工业园区委托国际著名的美国易道(EDAW)公司编制了环金鸡湖地区的景观规划。根据规划,环金鸡湖地区将建设城市广场、湖滨大道、水巷邻里、风之园、望湖角、金姬墩、文化水廊、玲珑湾等 8 个主要节点,占地总面积 5 km²,绿化覆盖率达 60% 以上,其中商业设施占地 100 万 m²。通过近十年的开发建设,已基本建成并开放使用。

为缩短湖东与湖西交通距离,以及方便市民观赏金鸡湖及环湖景点,全长 2.15 km、连接现代大道东西、横跨玲珑湾景区的金鸡湖大桥已于 2004 年 1 月建成通车。2005 年,苏州工业园区结合金鸡湖清淤、取土工程,又实施了人工造景工程,湖中堆建了玲珑岛和桃花岛。玲珑岛为生态岛,面积 0.025 km²,已全部完成绿化;桃花岛面积 0.1 km²,以景观绿化为主。同时,还恢复性建成了李公堤,全长 1.4 km,集餐饮、娱乐观光、休闲文化于一体,一条国际性商业风情水街呈现在世人面前。

为吸引更多市民和游客晚上到金鸡湖地区休闲观光,苏州工业园区十分重视环金鸡湖地区的夜景灯光建设。在建设过程中,坚持"以环湖功能照明为基础,以楼宇亮化为点缀,以主题灯光为核心,突出南北呼应、东西相映、动静结合"的设计方案,目前已基本形成了多层次、多格调的景观灯光组合效果。近年来,还相继在文化水廊、风之园和城市广场水域建成了 3 座喷泉灯光工程,其中城市广场水域为集音乐喷泉、激光表演、艺术喷火和水幕电影于一体的大型水景工程。

如今金鸡湖的模样已从预想中简单的环湖绿化带变成环湖三大特色分区,成为开放的新苏州的骄傲、新的城市空间和生活方式的典范。

(二)设计理念

(1)解读环境与文化,体现景观设计的生命力

金鸡湖景观设计的核心内涵包括两个方面,一是表现苏州古城的历史文化内涵,二是力挺现代化都市的建设目标。景观设计在尊重苏州传统历史文脉的基础上,将旧城与新城、商业与娱乐、生活与教育等功能结合起来,在苏州新城区与老城区之间建立连接过去与未来、艺术与建筑、山体与水体、城与乡、本土与世界的象征性链接。

(2)遵循"景观生态学"中的环境优先原则

突出滨水景观的生态功能,注重水质净化和鱼类、鸟类、水生植物的保护。引入景观生态学中"斑块—廊道—基质"的理论,合理规划景观布局,促使生态功能最大限度地发挥。

(3)东西方景观设计特色的融合与共生

金鸡湖的景观设计在继承传统小型尺度的私家古典园林精髓的基础上,引进西方园林景观建筑技艺,注重传统与现代的有机融合,追求地方色彩与现代景观的和谐。在金鸡湖景观的设计中,选用了苏州传统园林中卵石小径和石板铺地等传统元素,现代感十足的平面纹样,传达出浓浓的苏州传统"意象"。

（三）设计手法

金鸡湖的景观设计注重地方传统文化特色的继承和发扬，在互动融合中赋予景观设计丰富的内涵和清晰的文脉。工程设计强调与时俱进，新材料、新技术和新工艺的运用，增强景观设计的时代特征。例如，景观整体风格遵循现代园林简洁大气之风，而一些细部的处理如湖滨大道铺地的材料、工艺和图案均采用苏州特有的传统元素。另外，自然式驳岸的设计通过现代生态技术的运用，达成与苏州古典园林中塘池驳岸设计有神似之妙的效果。

依托湖滨的场地空间，将传统历史符号和现代时尚元素融入景观设计中，滨水栈桥构成大尺度的几何曲线串联广场、灯柱、草坪、雕塑等景点，形成有机统一的整体，体现现代与传统的融合。

（四）典型例证

（1）东方之门

东方之门位于苏州工业园区 CBD 轴线的末端，东临星港街及波光粼粼的金鸡湖，西面为国际大厦及世纪金融大厦。这座摩天大楼有着独特的构造，整个楼是双子塔结构，但在顶部双子塔合二为一，构成一张弓或是一扇门的形状。因其突破性的高度和独特的造型，东方之门已成为苏州地标性建筑。

东方之门的设计灵感来源于苏州古城门。为了与苏州这个充满传统中国园林建筑文化的历史古城相协调，选择了黑、白、灰三色作为整个建筑的基色，与古典园林的黛瓦白墙相呼应。门式的建筑形象灵感来源于道统的花瓶门与城门的巧妙结合，并透过简洁的几何曲线生动地表现出来。

大体量玻璃幕墙的使用体现出鲜明的时代特色，两座大楼下部裙楼架空连接处建成的威尼斯风格的空中水廊又具有浓浓的异域风情。传统元素与现代时尚的完美融合，使得东方之门不仅是代表着苏州传统形象的新大门，而且也是世界看中国的新大门。

（2）"圆融"主题雕塑

新加坡著名雕塑家孙宇立先生所设计的"圆融"大型现代金属雕塑伫立于金鸡湖畔，该雕塑由两个动态扭转的圆紧密相叠而成，圆融的意思就是和谐，寓意中国、新加坡双方密切合作和相互交融，表达了传统与现代、科技与人文的互融和共生。

伫立在湖岸上的"圆融"雕塑既是苏州工业园区的标志，也是国际合作的象征。湖滨新天地是园区的时尚地标，早晨和黄昏，总有不同国籍、不同肤色、不同年纪的人在这里流连忘返，让人们感觉世界的景色就浓缩在园区的湖滨大道上。

2.4 案例小结及启示

2.4.1 案例小结

本章选取国内外四个城市滨水绿地成功的案例,侧重从文脉传承的角度进行分析,将其分为历史性和时代性两类。前者注重对传统历史文化的尊重和保护,在景观设计和建设中展现传统文化的魅力;后者注重与当代人文的融合与创新,以开放包容的姿态汲取和应用优秀文化,实现传统与现代的对话。同时,景观规划立足于人的需要,考虑市民的使用需求,使景观服务于生活,与人民大众的日常生活和谐共生。

2.4.2 案例启示

(1)绿道的开发要做好历史建筑和传统文化的保护工作。把打造绿道公共空间与历史文化保护相结合,以文化旅游为导向,重新审视历史建筑和景观保护改造。

历史文化的保护需要发挥政府的主导和决策作用。政府立足长远利益,引导公共和私人投资开发的协作,能有效避免完全私有化带来的过度商业开发和对资源的掠夺性滥用,保存滨水地区原有的社会、文化、历史和生态脉络。

(2)在曾是大型工厂的聚集地的条件下,通过政府主导、大力整治,逐步将工厂迁出。保留遗留下来的空旷厂房,作为画家、艺术家的工作室、画廊等。粗犷的仓库风格的创意产业园独具特色。

(3)洛杉矶河复兴总体规划是近十多年来河流复兴运动的顶峰,它不仅将公共机构和各利益相关方团结在了一个共同的目标之下,而且以大胆的创想将渠化的防洪水道改造成兼具休闲和生态功能的公共绿地,这对于人口密度高的大都市具有重要的意义。

(4)绿道的设计和建设应贴近市民生活,为市民提供多样的活动场地,丰富人们的行为体验,提升周边居民的生活质量。

绿道景观设计应充分尊重原有生态环境。景观设计不应是闭门造车的"绝妙",而应该是在充分调研基础上实证的"精妙"。设计过程必须尊重自然,建立和谐的人与自然关系,在设计前进行充分的生态资源调研和分析,设计时尽力保护好潜在的自然动植物群落,尽可能地减少对原始自然环境的改动。充分运用深厚的文化底蕴,把传统风貌的精华与先进的规划理念相结合。新旧风貌的合理衔接,使绿道景观既具有鲜明的地域特色,又包含西方艺术元素,让传统文化在新时代的背景下得以延伸,体现现代城市开放、包容的文化精神。

把握大尺度比例设计。绿道景观设计通常都建立在较大尺度基础之上，对功能、技术的限制相对较少，而通过比例尺度的大开大阖，给予其很大的创意发挥空间。

着眼细部，独具匠心。细部是秩序和意愿的载体，更是设计师"匠心独具"的最佳发挥之处。在设计中，细部因其具有极佳的表现性，能够很好地体现地域文化特色，这一点与景观设计中的人文需求高度一致，同时，细部设计还能够创造出空间感和场所感，并带有时代的特征，历久弥新，耐人寻味。

3 案例分析——青岛市崂山路城市绿道地域性研究

3.1 地域背景

3.1.1 自然环境分析

3.1.1.1 地貌

青岛为海滨丘陵城市,地势东高西低,南北两侧隆起,中间低陷,其中,山地约占总面积的 15.5%,丘陵占 25.1%,平原占 37.7%,洼地占 21.7%。全市大体有 3 个山系。东南是崂山山脉,花岗岩质,山势陡峻,主峰崂顶海拔为 1 132.7 m,是我国 18 000 km 大陆海岸线上的最高峰。北部为大泽山,海拔 736.7 m。南部为大珠山(海拔 486.4 m)、小珠山等群山组成的胶南山群。

3.1.1.2 气候特征

青岛地处北温带季风区域,属温带季风气候,略有海洋性气候特征。市区由于海洋环境的直接调节,受来自洋面上的东南季风及海流、水团的影响,故又具有明显的海洋性气候特点。空气湿润,温度适中,四季分明。

3.1.1.3 水文

全市共有大小河流 224 条,均为季风区雨源型,多为独立入海的山溪性小河。流域面积在 100 km² 以上的较大河流有 33 条,按照水系分为大沽河、北胶莱河以及沿海诸河流三大水系。大沽河水系包括主流及其支流,主要支流有小沽河、五沽河、流浩河和南胶莱河。干流全长 179.9 km。流域面积 6 131.3 km²(含南胶莱河流域 1 500 km²),是胶东半岛最大水系。北胶莱河水系包括主流北胶莱河及诸支流,在青岛境内的主要支流有泽河、龙王河、现河和白沙河,总流域面积 1 914.0 km²。干流全长 100 km,流域面积 3 978.6 km²。沿海诸河流系指独流入海的河流,较大者有白沙河、墨水河、王戈庄河、白马河、甫利河、周晚河、洋河等。

3.1.1.4 植被

青岛植被属暖温带落叶阔叶林带,其组成以华北植物区系为主,另可见到不少东北植物区系的植物。在东南沿海及海岛上,还有属于亚热带植物的山茶、楠木、胡枝子等。青岛地区植物丰富繁茂,是同纬度地区植物种类最多、组成植被建群种也最多的地区[29]。丰富的植物资源为城市园林建设创造了有利条件[30]。

3.1.2　经济环境分析

3.1.2.1　旅游业

青岛地处北温带季风区域,东、南濒临黄海,旅游资源丰富。逐渐形成了以沿海海滨带为主体,以滨海城市组团,旅游景区、度假区为重点,延伸辐射陆域纵深和近岸海域,构成"一线、两翼为重点,城、海、山、陆联系互动"的总体格局[31]。市区主要景点有崂山、海滨风景区、海军博物馆、迎宾馆、电视塔、海尔科技馆、胶南琅琊台、即墨田横岛、天后宫、植物园、胶州高凤翰故居、莱西崔子范艺术馆、胶州艾山、平度大泽山等。

3.1.2.2　农业

青岛农业资源丰富,盛产粮油、林果、畜牧、水产品,平度大泽山葡萄饮誉海内外。青岛海区港湾众多,滩涂广阔,土质肥沃,饵料丰富,有多种水生物栖息繁衍,如蜗鱼、黄鱼、鲈鱼、鲍鱼、牡蛎、寨鱼及对虾、干贝、海参、螃蟹、海螺等。

3.1.2.3　工业

青岛是中国沿海开放城市之一,是山东省最大的工业城市,也是中国著名的"品牌之都"。工业有纺织、车辆、机械、化学、石油化工、铜铁、橡胶、家用电器、啤酒、卷烟等。有驰名中外的青岛啤酒、海尔集团、海信集团、双星集团、青岛港等特大型企业集团。

3.1.3　人文环境分析

3.1.3.1　历史文化

青岛是一座历史文化名城,是中国道教的发祥地,东周时期建立了当时山东地区第二大市镇。秦始皇统一中国后,曾三次登临现位于青岛胶南市(现黄岛区)的琅琊台。秦代徐福曾率船队由琅琊山起航东渡朝鲜、日本。汉武帝曾在现位于青岛市城阳区的不其山"祀神人于交门宫",并在胶州湾畔女姑山祭天拜祖设立明堂9所。至清朝末年,青岛已发展成为一个繁华市镇,昔称胶澳。齐国贵族田横因不愿称臣于汉自刎,留居海岛的500兵士,闻讯后全部自杀,史称"田横五百士殉义"。其所居海岛被后人称为田横岛,其忠义精神至今被后人所称赞。

3.1.3.2　风土人情

崂山的民风古朴醇厚,热情好客。依山面海而居的崂山人爱讲爱听民间故事。崂山的民间故事丰富多彩,充满传奇色彩和生活情趣,有中国历代名人道士与崂山的故事,有崂山花草树木的故事,有海洋水族的故事,还有崂山奇峰怪石来历的故事以及山中动物的故事等。

3.1.3.3 饮食文化

由于青岛拥有得天独厚的条件,逐渐形成了自己的菜系"青岛菜"。青岛菜属于中国八大菜系之首鲁菜的分支,并逐渐形成鲁菜的特色分支。青岛菜区别于南菜偏甜、北菜偏咸的特点,采用鲁菜传统的炸、爆、熏及西式烹饪方法,经创新发展,创造出青岛特色的淡雅、爽口脆嫩、原汁原味、健康养生的特点,适合南北中外各类人群。

3.2 项目概况

崂山路西起滨海公路,东至李沙路,道路全长约 6.7 km,景观设计对全线进行了统筹考虑。根据建设计划和道路工程设计,本次崂山路景观设计范围为滨海公路至李沙路,全长约 6.7 km。

3.2.1 项目上位规划解读

3.2.1.1 城市总体用地规划

城市用地总体发展定位为"依托主城、拥湾发展、组团布局、轴向辐射"的全新空间发展战略,积极构建青岛、黄岛、红岛、崂山"一主三辅"的现代化城市框架[32]。

城市特色:"山、海、城、河、岛"有机交融,打造帆船之都、影视之城、音乐之岛,努力将青岛建设成为滨海现代文化名城。

3.2.1.2 城市绿地系统规划

总体规划定位:以崂山风景名胜区和珠山风景区为背景,以沿河道及高压走廊的防护绿带为分隔,以城市公共绿地为核心,以道路绿化带为骨架,以海岸线绿化风景走廊为纽带,形成点、线、面相结合的城市绿化系统。

3.2.2 项目现状

3.2.2.1 基地周边现状用地

基地内现状用地主要有以下类型(图 3-1):

(1)一类居住用地:多为别墅区,建筑形式现代简约;

(2)商业用地:包含高尔夫球场、餐饮、公园等,吸引了大量人群;

(3)工业用地:有啤酒厂等工业用地;

(4)现有村落:基地内区域性散布了大片村落,部分将拆除或作改造;

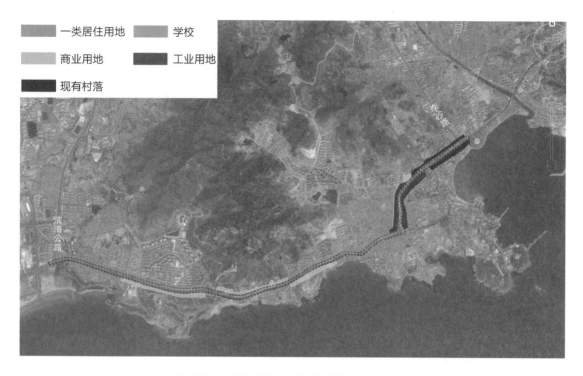

图 3-1 基地周边现状
用地

（5）学校：道路靠海一侧为学校。

3.2.2.2 基地所在地景观资源分析

本次景观道位于崂山区南端，西起石老人村，东至李沙路口，全长约
6.7 km。沿路依山临海，风貌自然，具有良好的山海景观骨架。基地内
可挖掘如下景观资源（图 3-2）：

（1）海岸：沿路局部与海相接，视野开阔，地形起伏变化，可形成具有

图 3-2 基地所在地景
观资源

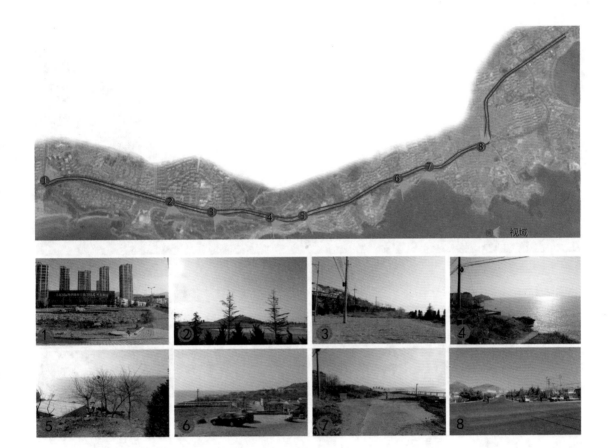

图 3-3 现状景观视线
分析

鲜明海滨特色的风景;

(2)山体:道路一侧部分山体裸露,岩石与植被可作为塑造立面景观的基底;

(3)植被:现场局部植被丰富,有一定的群落形式,以此为基地,可塑造多样的景观视线;

(4)居住区:路道沿线有大量居住建筑,部分村庄将拆除重建,其中大量别墅区建筑风格形式简洁,色彩明快,与海滨景观有良好的呼应;

(5)观光园:基地内有著名的石老人观光园,是集现代都市农业、生态旅游观光、休闲度假等功能为一体的综合性农业示范围区。其景观包含海岸、山林、人文、高科技农业等,风光独特,与此段道路景观风格相呼应。

3.2.2.3 现状景观视线分析

根据设计范围,崂山路道路两侧有居住区、高尔夫球场、商业区、工业区等多种性质用地。通过现状调查,主要有以上几个视线开阔区域,在规划设计中,通过对这几个开阔的视域进行景观的重点打造,形成具有鲜明特色的青岛滨海景观带(图 3-3)。

3.2.2.4 基地所在地建筑情况分析

崂山路道路两侧现状建筑整体以住宅区为主,局部配有商业建筑和

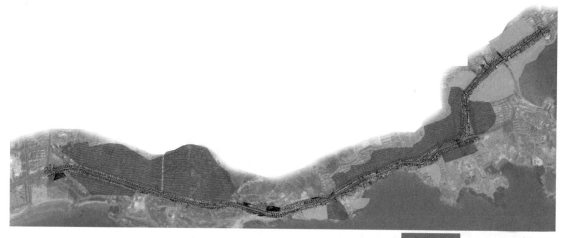

建筑较差区
建筑良好区

建筑较差区

建筑良好区

图 3-4　基地所在地建筑情况分析

工业建筑。住宅区建筑风格统一,多以别墅和高档小区为主,对于崂山路景观整体塑造有一定的强化作用。但局部路段住宅区建设较为零散,风格不一,严重影响崂山路整体景观的塑造。临商业建筑如渔村等建筑风格杂乱,统一后能够增强崂山路的形象。相比较而言,道路北侧建筑风格、形式、数量都强于道路南侧,所以对南侧建筑进行整改后能够使崂山路景观的整体形象得到提升(图 3-4)。

3.2.2.5　基地现状植被分析

崂山路现状整体绿化较为丰富,尤其以道路北侧为重点。A 段道路两侧主要为别墅区,地形平坦,植物群落复杂;B 段道路南侧为高尔夫球场,高差较大,绿化以松柏类为主;C 段为崂山路景观的重点,道路与海面有较大高差,视线通透,植物绿化较少,北侧以山脉为主,绿化丰富,植物群落复杂;D 段道路两侧地势平坦,以居住区和商业建筑为主,道路绿化

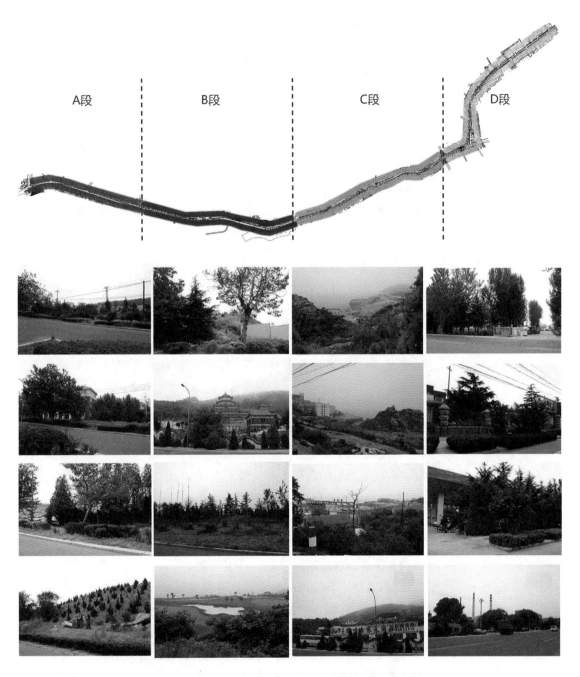

一般,局部地段绿化破坏较为严重,需要重点设计。从整体来说崂山路现
状植被较为丰富,但缺乏主要的行道树,层次不清,缺乏特色(图3-5)。

**图3-5　基地现状植被
分析**

3.2.2.6　现状SWOT总结

优势:①通往青岛崂山景区的迎宾大道,背山靠海,景观条件优越。
②人文环境优越,文脉资源丰富。③道路两旁地形起伏变化,为营造不同
的空间层次提供了基础。

劣势:沿道路边部分建筑破旧,靠海地段缺乏系统的规划和组织,不能构成良好的海岸视线和海边休闲空间,整体绿化略显杂乱,人车混杂,缺少有效的管理。

机遇:①2014 年青岛举行世界园艺博览会,建设世园大道成为主要景观轴线,东邻崂山区范围,所以崂山路建设得到了有力的保障。②崂山悠久的宗教文化和历代历史名人为道路景观提供了较多的文化思想价值。

挑战:①高速发展的经济带来财富的同时也产生日益严重的污染。②如何将崂山道教深厚的文化底蕴转化为城市品质的主题元素。

3.3 案例借鉴

3.3.1 相似案例分析

(1) 加拿大多伦多 H_tO 滨水公园

概况:坐落在多伦多市湖滨区,该项目获得 2009 年 ASLA 综合设计荣誉奖。

景观特点:①它是一个受人喜爱,适应任意季节的公众场所,能让人们远离城市的喧闹,享受湖边风景;②它有利于推动未来城市湖滨区的发展,为未来湖滨地区的发展设定了高标准。此处原来是一个废弃的工业遗址,现在建设成为受人喜爱的滨水公园,吸引了大量的游客和当地居民,让这个湖滨区充满了活力和生机。

经验借鉴:景观设计考虑四季变化,使公园的冬天像夏天一样美丽,最大限度地展示了滨水区的景色。

(2) 香港滨水地区

概况:香港中环—湾仔滨水地区开发规划。

景观特点:在城市的海边形成一道美妙的边际线,设置了必要的功能性服务区、观景平台,并设计许多各式圆形公共活动平台,大小不一,远远看去像片片花瓣散落在海上。夜晚,这条长长的边际线散发出柔和而又有力的光,形成美丽的港口夜景。

经验借鉴:滨海区域是城市的一部分,不是独立的个体。在项目安排上,要力求将滨海空间与整体连接起来,利用海岸线形成景观上“线”的变化,在适当地点进行节点的重点处理,与其余空间构成完整的景观序列。

(3) 美国东海岸绿道

概况:东海岸绿道从美国北部的加拿大边境延伸至美国南部佛罗里达州,全长约 4 500 km。该绿道从加拿大边境一直延伸至佛罗里达州的基韦斯特,联通了美国与加拿大两个国家的 15 个州、1 个特区、23 个大城市和 122 个城镇。

景观特征:①"生态化"保护自然环境:多采用透水、可降解的铺装材料建设慢行道,采取生物廊桥和涵洞的方式保留动物迁徙廊道等;②"可达性"实现"无缝衔接":在绿道线路选择上,除考虑串联丰富的自然和人文景观节点外,还主动连接主要的交通枢纽和换乘设施,实现绿道与其他交通方式的"零距离衔接转换交通体系";③"人性化"兼顾不同人群的需求:注重从使用者的角度配套各类服务设施,尽可能兼顾不同人群的需求。

经验借鉴:美国绿道已经形成了一套较为完善的市场化运营模式。如推行特许经营、绿道自身资源出租、与企业合作开展各项市场行为等,其完善的市场化运营模式值得学习和借鉴。

(4)广东珠三角绿道网络

概况:广州的绿道建设早在 2008 年就已经起步。增城从 2008 年开始探索绿道建设,目前已完成增派公路和增江河绿道近 80 km,是目前国内线路最长、穿越景区景点最多、与公路分离相对最安全的自行车休闲健身道。

景观特点:①把公园、自然保护地、名胜区、历史古迹及其他高密度住宅区内的开敞空间联系起来,形成一个网络体系;②绿道网长达数千公里,穿越多种地理环境,克服多个地质难题,绿道的形式丰富多样;③巧联公交、遇水搭桥、逢树绕路,绿道建设充分利用原有的生态资源进行完善、配套。

经验借鉴:人们可以借助自行车和徒步专用的"绿道"穿越珠三角各地,成熟的自行车租赁系统加上绿道系统,使得骑车出行成为一道风景,"绿道出行"渐渐形成趋势。

(5)阿布扎比滨海大道

概况:位于阿联酋阿布扎比,此滨海大道长 10 多公里,是阿联酋知名景点之一。

景观特征:滨海大道环绕着海岸线,其周围的环境与大海融为一体,美轮美奂。大道旁绿化层次分明,建有修整得各具风格的小花园、绿草地和喷水池,与路旁的湛蓝大海自然融成一片,为人们提供了休闲、健身的场所。

经验借鉴:该海滨大道绿化形式多样,漫步在海滨大道上仿佛走进了绿色的世界、花的海洋。阿布扎比的海水在临近海堤处呈现出别致的绿色,与周围延绵不断的绿化交相辉映,自然地融为一体。

(6)厦门环岛路

概况:厦门环岛路全程 31 km,路宽 44～60 m,为双向 6 车道,绿化带

80～100 m,是厦门市环海风景旅游干道之一。

景观特征:①人工与自然完美结合:平曲结合、依山就势的道路形态与自然岸线相协调;②沿途有各种主题雕塑,围绕着大海这个中心,表现出厦门的勃勃生机;③黄厝段建成国内第一条彩色道路,红色路面与碧海蓝天、绿树白云构成鹭岛东部海岸一道绚丽多彩的风景线;④道路途径厦门多处景区,是集休闲、健身、娱乐为一体的绿色长廊。

经验借鉴:环岛路建设极其注重历史文脉的体现,如沿线的厦门书法广场充分利用天、海等自然资源与巧妙的设计结合来表现中华书法文化的底蕴,此外还有黄厝旅游服务中心的台湾民俗文化村等。

3.3.2 案例总结

理论支持——美国东海岸绿道、广东珠三角绿道网络。空间借鉴——厦门环岛路、加拿大多伦多 H_tO 滨水公园。业态参考——香港滨水地区、阿布扎比滨海大道。

(1)加拿大多伦多 H_tO 滨水公园:废弃的工业遗址被有效地利用,成为受人喜爱的滨水公园,更考虑到景观的持续性,为了保证四季有景,最大限度地展示了滨水区的景色,给崂山路靠海地段提供了有效的借鉴。

(2)香港滨水地区:城市海边一道美丽的边际线,具有较多的亲水空间,夜晚散发着柔和而有力的光,形成海上明珠,这启示在对崂山路进行道路设计时,要注重夜景灯光点、线、面的合理安排。

(3)美国东海岸绿道:具有"生态化""可达性""人性化"的绿道可以开展各种行为活动,将自然、人文、交通串联,实现绿道与其他道路的"零接触"。崂山路道路长达 7 km 有余,采用绿道连接,生态环保。

(4)广东珠三角绿道网络:绿道形式丰富多样,充分利用原有的生态资源进行完善、配套,形成一个完整的体系。崂山路采用自行车和徒步专用的"绿道",使得骑车出行成为一道风景线。

(5)阿布扎比滨海大道:滨海大道环绕着海岸线,与大海融为一体,各类滨海空间为人们提供了休闲、健身的场所,层次分明,美轮美奂。如何将大海和绿化结合,是崂山路景观设计的一道难题,阿布扎比滨海大道给我们提供了有利的参考,在临近海堤处呈现出别致的绿色,用变化多样的手段与自然融合。

(6)厦门环岛路:人工与自然的完美结合,依山就势,平曲结合,集健身、休闲、娱乐为一体。崂山路秉承"人、自然、生态"和谐发展的理念,沿途道路起伏变化,学习厦门环岛路可以较好地实现开发与保护相结合的宗旨,创造丰富多彩的开发景观大道。

3.4 规划设计构思

3.4.1 项目定位

总体定位:打造集休闲、健身、观光为一体的滨海景观长廊。

将自然景观与人文景观有机结合,注重"以人为本",把人的行为活动引入城市道路景观中以提高环境的舒适性和景观的和谐性,充分体现生态—人—文化的互动互融,真正实现城市绿色廊道。

(1)滨海景观大道——通过对各种形式节点的设计和连接,树立标志性景观,展示海上风情的独特魅力。

(2)休闲康乐大道——自然生态空间交织变化、相映成趣,与便民、乐民、利民思想联系在一起,共同形成令人流连忘返、具有林间野趣的生态休闲廊道。

(3)交通组织大道——在满足不同功能需求的同时,建立完整的公共交通,并合理组织交通换乘。

3.4.2 设计原则和依据

(1)设计原则

① 特色性原则

充分利用青岛的海滨特色,将崂山道家文化载入其中,发挥地域特色,丰富崂山路两旁道路景观,打造具有青岛崂山特色的滨海绿道。

② 生态性原则

完善道路绿地内的生态结构,增加物种多样性,提升道路周边整体环境质量。

③ 以人为本原则

在满足道路绿地的基本要求下,充分考虑人的需求,提升道路绿地的功能性,为人们创造一个安全、舒适、利用率高的绿道景观。

(2)设计依据

《沙子口总体规划(2005—2020)》

《城市绿地分类标准》(CJJ/T 85—2017)

《城市道路绿化规划与设计规范》(CJJ 75—97)

《城市道路工程设计规范》(CJJ 37—2012)

现场调查及分析

3.4.3 设计理念

设计主题:师法自然,问道山海。

根据崂山大道项目定位,借自然环境中山和海的肌理,以道家文化为依托,并结合景观前沿理念,通过点状线性空间的结合,在 6.7 km 的空间内,以丰富的造景手法来体现道家文化的精髓与悠然山海的自然美景。

尊重青岛的自然、地理、历史风貌,尊重已建成环境的设计风格,全力打造一个自然时尚、功能完善、满足各阶层需求、服务沿途已有设计的现代滨海大道。

3.4.4 设计策略

(1)建立科学的绿道系统

通过分析现状场地内的道路布局和绿地范围,科学合理地布置人行道、自行车道以及绿化,妥善处理和协调好三者之间的关系,同时参照国内外相关理论,使得绿道有据可循,有理可依,从而打造科学合理的崂山路绿道系统。

(2)打造特色鲜明的滨海"景观长廊"

充分利用现状地形,在视线开阔处依据现状高差开发建设滨海观光项目,重点打造崂山路滨海景观带,利用观景平台、瞭望塔、商业建筑等形式为游客展现青岛迷人的滨海风情。

(3)贯彻"师法自然,问道山海"的设计主题

在尊重现状地形的前提条件下,将"师法自然,问道山海"的主题融入崂山路景观的设计中,将绿道、滨海景观与道路周边地形完美结合,着力打造青岛的滨海风光,体现不一样的青岛魅力。

3.4.5 主题文化构思

道家文化博大精深,其中,文化符号有无极生太极,太极生两仪,两仪生四象,四象生八卦,思想经典有《道德经》《老子》《庄子》《道藏》等,历史代表人物有老子、尹子、张道陵、关尹等。

鲁迅说,中国的根底全在道教,以此读史,有许多问题可以迎刃而解。道教对中国古代的哲学、文学、艺术、音乐、化学、医药学、养生学、社会习俗,乃至政治、经济和军事等方面都产生过重大影响。中华社会繁衍至今已有几千年,影响极深的宗教文化中,只有道教文化是唯一发源于本土而且影响深远,有相当多的知识值得学习和了解。

本次设计提炼出了典型的道家文化符号,以应用于崂山大道的景观中。

图 3-6 文化 LOGO 生成

（1）文化解析

崂山古称"神仙窟宅""灵异之府"，是中国道教发源地之一，崂山道教文化更是源远流长，名扬天下。

道家文化的精髓即道法自然，意为顺应自然，不要过于刻意。

本次设计的崂山大道 LOGO（图 3-6），提取道家文化元素的精华，以太极图为基底，将山脉、海洋形象简化抽象，再融合在一起，其中一红一绿的笔触则代表崂山大道，红色表示崂山大道中的慢性系统，绿色表示丰富的绿化。整个 LOGO 体现了崂山大道将山、海自然相容的意境。此 LOGO 将作为崂山大道的形象符号与标识系统，与小品设施相结合，贯穿于大道的始终。

（2）文化的景观表现方式

"师法自然，问道山海"，崂山大道紧扣本次设计理念，以基地丰富的地形为基础，坚持因地制宜的原则，用多样的设计手法体现崂山道家文化，自然地将"道"的主题融入山海的美景中。具体方式为：

铺装：用不同颜色的材质拼出图案，在地面上以雕刻、绘画的形式表现文字、图腾。

雕刻：在景墙、小品设施等表面雕刻相关文化元素。

利用地形：在高差较大处以浮雕、碎石或植物拼画，形成美丽的如画风光。

雕塑小品：放置相关的小品、雕塑，点缀线性景观。

空间构成：创造幽静怡人的空间，使游人体验与自然近距离接触的感受；全程的标识系统即小品设施上以不同的形式呈现崂山大道的 LOGO，具有直观的文化景观。

创意斑马线：将道家文化元素及图案绘制于公路的斑马线中，使行车人眼前一亮。

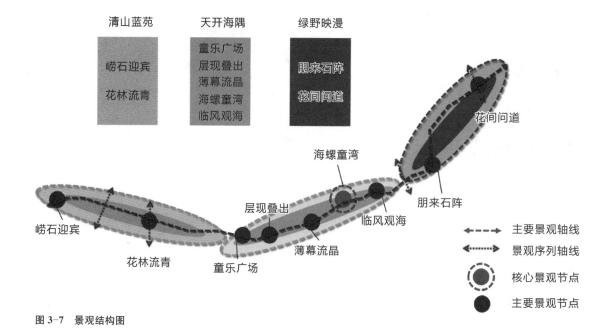

图 3-7　景观结构图

3.4.6　地域性在总体设计中的体现

3.4.6.1　道路景观结构

（1）"一轴"：即崂山路景观主轴，其内涵包括景观实轴和崂山文化虚轴。

（2）"三段"：根据崂山路两侧不同的用地类型，将整个道路景观分为"清山蓝苑""天开海隅""绿野映漫"三个不同主距的景观段。三大片区各具特色，形成一个有机整体。

"清山蓝苑"：从滨海公路至高尔夫球场东侧，两侧分别为居住区和高尔夫球场，绿化景观开始延续城市道路绿化的风格，慢慢向自然式过渡。

"天开海隅"：从高尔夫球场东侧至规划一号线，两侧分别为别墅区和大海，绿化景观风格慢慢向自然式过渡，在滨海一侧以通透式为主，以便打开观海视线。

"绿野映漫"：从规划一号线至李沙路，两侧以居住区为主，绿化景观以乔冠草自然式配置为主，着重突出花境与观赏草景观。

（3）"九节点"：沿路设置九个主要节点，展现景观特色，同时是体现"师法自然，问道山海"主题的重要场所（图3-7）。

3.4.6.2　道路内部交通

崂山路内部交通分为自行车道和人行步道两种。设计引入绿道概念，同时与现状地形和周边环境相结合，慢行系统设置在靠海一侧。地形

········ 人行步道
──── 自行车道

图 3-8 内部交通图

▰▰▰▰ 主要视觉通廊
──── 内向视域空间
──── 外向视域空间
◀━━ 主要景观视线
● 主要开敞视线

图 3-9 视线现状及设计图

复杂处自行车道与人行道分行,并有高低错落,这样临海处可以有很好的观海空间。绿道狭窄处自行车道与人行道并行,局部用花坛进行分隔。空间宽阔处自行车道与人行道分开,中间通过绿化带进行分割(图 3-8)。

3.4.6.3 道路景观视线

设计范围内以崂山路为主要视觉通廊,在道路两侧考虑快速交通的视觉观赏,植物配置以大色块为主,道路两侧有居住区、高尔夫球场、商业区、工厂区和大海等多种性质用地。根据不同的需求设置不同的空间类型,开敞空间打通视线交流通道,封闭空间阻隔视线交流,半开敞空间联系前两种空间类型,丰富视觉体验。在居住区、商业区和工厂区以绿道为依托,视线以廊道式为主局部打开,在高尔夫球场区和滨海区域以开敞视域为主,打开主要观赏面,丰富视觉体验(图 3-9)。

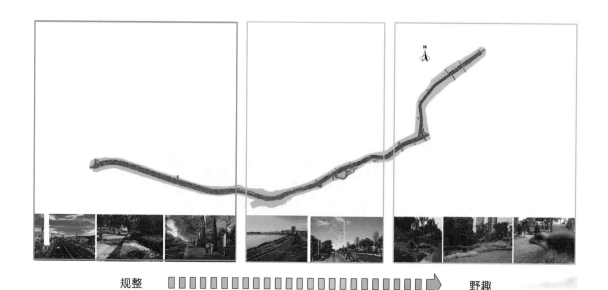

规整 ▢▢▢▢▢▢▢▢▢▢▢▢▢▢▢▢▢▢▢▢➡ 野趣

图 3-10　总体植物景观
分析图

3.4.6.4　植物景观主题

"清山蓝苑"段开始延续城市景观的风格,通过花带的配置逐步向自然式过渡,在高尔夫球场处慢慢将视线打开,以大乔木和低矮的草花类配置为主,与后面滨海段相衔接。

"天开海隅"段与上一段相衔接,配置低矮花灌木,将视线打开,形成良好的观海视域。在结尾处慢慢远离海岸线,植物以乔冠搭配为主,将视线收回,并逐步向自然式配置过渡。

"绿野映漫"段承接自然式种植,在植物种类上更加丰富多样,逐步演变为花境和观赏草为主的配置方式,整体风格变得野趣化(图 3-10)。

3.4.6.5　服务设施

服务设施的规划充分考虑到休闲、游览、服务、管理等功能,沿道路一侧设置公交车站和自行车租赁点,以及交通引导标识及配套服务设施,并在滨海区配置了餐饮设施和停车场。服务设施构思与造型强调与环境融为一体,体现"师法自然"的理念(图 3-11)。

3.4.7　地域性在道路界面处理策略中的体现

将绿道概念引入崂山滨海大道的设计中,沿道路、周边山脊、海岸等人工或者自然走廊建立起线性开敞空间,包括自行车道和人行步道以及可供行人和骑车者进入的自然景观线路和人工景观线路,设计停车场、自行车租赁点、休息站、建筑小品等游憩配套设施及一定宽度的绿化缓冲区。

（1）区域 A

该路段较为狭窄,自行车道与人行步道平行设计,中间用绿带分隔,

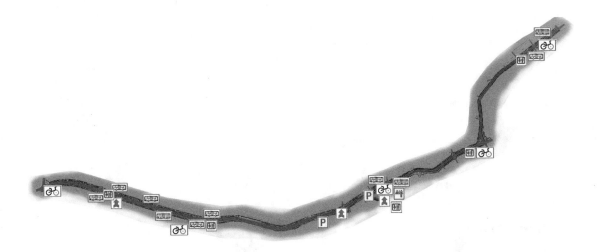

图标图例：

🗼 瞭望塔　🍴 餐饮　🚏 公交车站　🅿 停车场　🚲 自行车租赁点　🚻 厕所

图 3-11　服务设施分布图

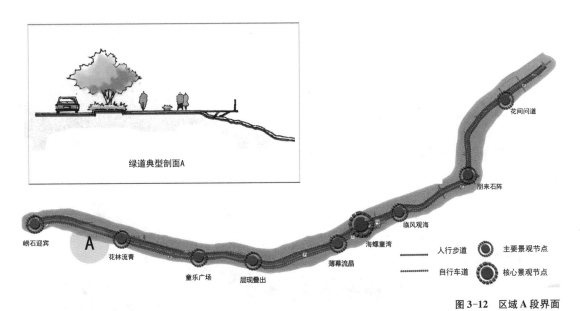

绿道典型剖面A

崂石迎宾　花林流青　童乐广场　层现叠出　薄幕流晶　海螺童湾　临风观海　朋来石阵　花间问道

········ 人行步道　⬤ 主要景观节点
········ 自行车道　◉ 核心景观节点

图 3-12　区域 A 段界面设计

同时与车行道尽量保持一定距离(图 3-12)。

(2)区域 B

该路段地形复杂,高差起伏较大,自行车道与人行步道分层设置,两者之间坡地采用植被绿化或岩体装饰。该段视线较为开阔,靠近海面一侧设置观海平台(图 3-13)。

(3)区域 C

该路段较为宽阔,自行车道与人行步道之间有较大的空间,用自然式花境分隔,同时与车行道之间的距离较大。自行车道外围有较宽的绿化

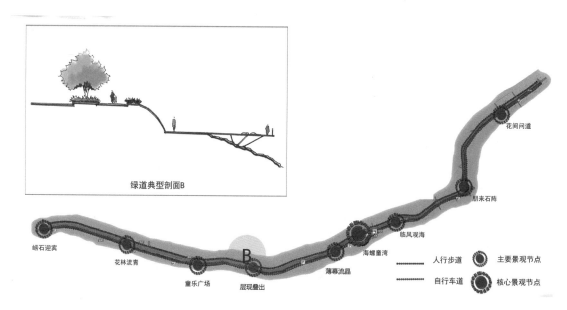

图 3-13　区域 B 段界面
设计

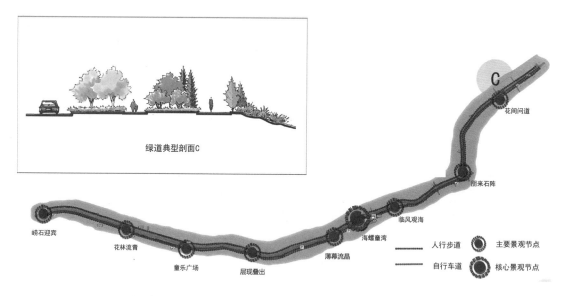

图 3-14　区域 C 段界面
设计

缓冲带,自然清新,野趣十足(图 3-14)。

3.4.7.1　地域性在滨海界面处理中的体现

由于崂山路不同于其他一般的道路绿化,考虑其背山面海的地形优势,设计采用以下三种滨海界面的处理方式:

(1) 滨海界面处理方式 A

考虑到崂山路跨度较长,道路与海的接触面宽窄不一,特在离海面较远的地块设置瞭望塔,抬高视线,从空间上拉近与海的距离(图 3-15)。

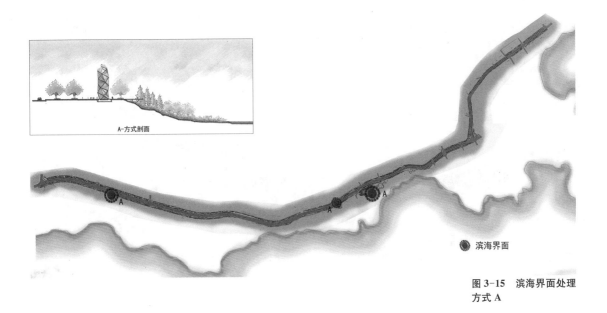

图 3-15　滨海界面处理方式 A

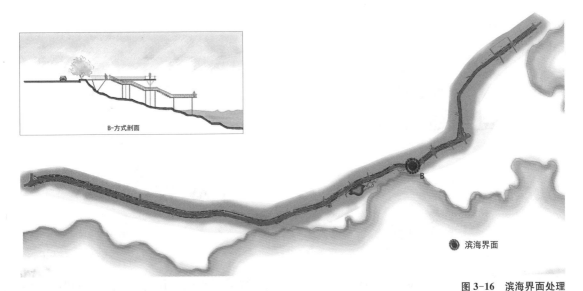

图 3-16　滨海界面处理方式 B

（2）滨海界面处理方式 B

在离海面较近的界面采用下沉的木栈道以及架空悬挑的自行车道拉近人与海的距离,使人们能更进一步感受大海的气息(图 3-16)。

（3）滨海界面处理方式 C

在道路临海一侧,选择视野开阔的基地,设观景平台,将远处的海景纳入人的视线当中,倾听海的声音(图 3-17)。

3.4.7.2　地域性在地形起伏的界面处理中的体现

（1）山体界面处理方式 A

由于崂山路现状地形复杂,局部路段为山脉或缓坡,与道路水平面有

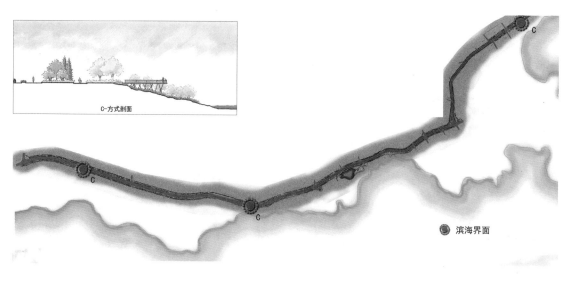

图 3-17　滨海界面处理
方式 C

图 3-18　山体界面处理
方式 A

较大高差,因而我们根据现状地形,运用不同的设计手法,充分利用地形高差创造不同的道路景观。对于这种情况我们通过不同的植物配置,使山坡上构成立体化园林观赏空间,营造出丰富的绿化景观。设置挡土墙,同时在墙面上雕刻花纹图案,或者叙述历史文化故事,形成丰富的立面效果(图 3-18)。

(2) 山体界面处理方式 B

对于崂山路局部路段周围有高差的缓坡,我们也可进行台地式处理,在坡面设置挡土墙,防止水土流失的同时也增强立面效果,在挡土墙间隔,我们种植地被植物或者花灌木,增强了景观效果(图 3-19)。

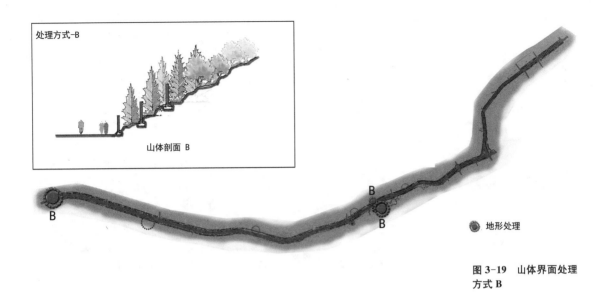

图 3-19 山体界面处理方式 B

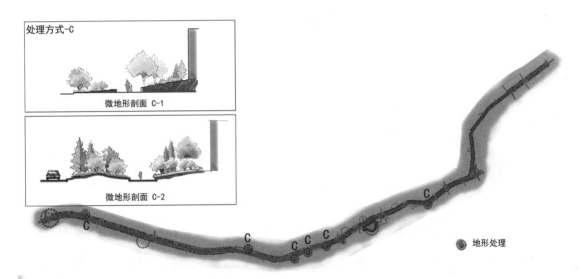

图 3-20 微地形界面处理方式 C

（3）微地形界面处理方式 C

由于崂山路局部地段靠近别墅区，地形较平坦，因而我们根据现状地形，设置微地形，将自行车道和人行道巧妙分开，同时微微隆起的地形上通过地被及灌木等植物给人创造出空间感，起伏的地形让人充分体验到"步移景异"的效果（图 3-20）。

3.4.7.3 道路竖向设计

结合地形条件和总体规划的要求，通过合理安排地形，塑造山体，从而满足植物生长对于土壤条件的要求，因地制宜，形成层次丰富的景观效果。在场地临海的一侧，利用地形，通过悬挑的平台、滨海下沉木栈道以及架空的自行车道等景观形式拉近与海的距离，形成良好的视野。

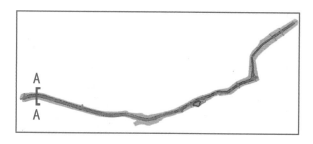

图 3-21　竖向 A-A 剖
面图

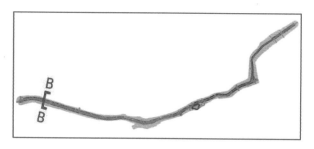

图 3-22　竖向 B-B 剖
面图

（1）典型剖面 A-A

地形起伏变化较为平缓，周围有别墅建筑和高尔夫球场，所以此处景观绿带形式丰富。分隔带右侧以自然景观为主，包括山体、高尔夫球场等，因此设有自行车租赁点、自行车道和人行道，能更好地与外部环境接触。而左侧大都为居住区，需要一定的绿化隔离，只设有人行道，较为隐蔽（图 3-21）。

（2）典型剖面 B-B

绿荫的树木搭配低矮灌木，营造安静、优美的居住环境，自行车道和人行道分离，自行车道靠快速道一侧设置，低速的人行道靠住宅而行，合理解决交通问题，有效地形成三列不同的景观序列（图 3-22）。

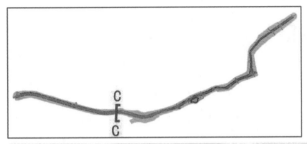

图 3-23　竖向 C-C 剖面图

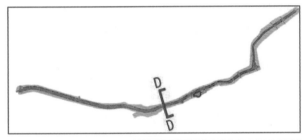

图 3-24　竖向 D-D 剖面图

（3）典型剖面 C-C

山体用植物绿化处理，结合挡土墙现代景观，形成别具一格的山体风貌，顺应、利用自然原始条件，将周边外围景观为道路所利用，在满足功能的同时，又适宜地创造了景观（图 3-23）。

（4）典型剖面 D-D

整体呈较为开敞的空间格局，以海洋元素穿插其中，靠近建筑用多样的植物做成四季景观，靠海地段植物较少，给视线避让，在景观较差处设停车场，一举解决交通和功能两大需求（图 3-24）。

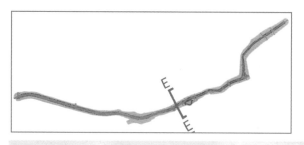

图 3-25　竖向 E-E 剖面图

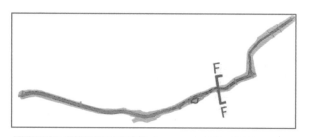

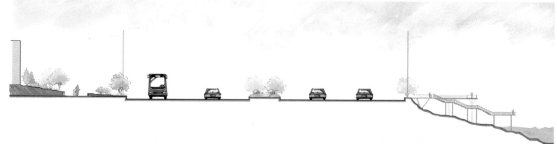

图 3-26　竖向 F-F 剖面图

（5）典型剖面 E-E

多变的景观结构，营造出浪漫、轻快的海边风情。人车分流的交通格局使得秩序通畅，道路功能明确，又保证了其安全性。同时，大量的植物运用，使其充满活力（图 3-25）。

（6）典型剖面 F-F

地形起伏变化较大，周围自然原始条件丰富，有山体和大海，所以此处景观绿带较少，以中层乔木为主，搭配花灌木和地被植物，人行道和自行车道多为临海而设，靠近山体地段顺势设计部分微地形绿化，整段节点随地形变化而设，有高起的瞭望塔和木栅高架，也有下沉式的临海平台，较多地将外部景观引入场地内，形成众多的观景点（图 3-26）。

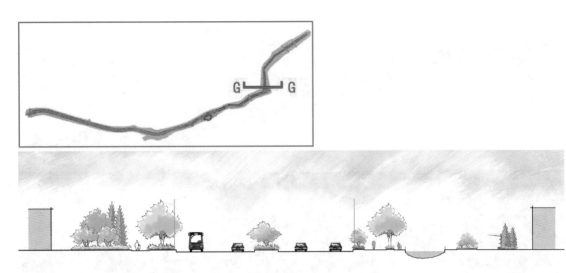

图 3-27 竖向 G-G 剖
面图

图 3-28 竖向 H-H 剖
面图

（7）典型剖面 G-G

路面较窄,变化较多,周围多居住区,并通往崂山风景区,所以此处景
观绿带最为突出,以低层植物为主,辅以部分乔木,低层植物以造型多变
的观赏草组合而成的花境为特色,形成色彩缤纷的植物景观。分车带右
侧设自行车道和人行道,左侧只设人行道,整段以自然野趣的植物风貌为
主体,将地形的起伏用植物的变化来演示(图 3-27)。

（8）典型剖面 H-H

自然式的植物配置,体现整体野趣性,多彩而又丰富,以观赏草为主
要特色,在小部分处以微地形处理,配以山石小品,优美可观的植物衬托
出道路外围的住宅建筑(图 3-28)。

图 3-29 "清山蓝苑"段
周边概况

3.4.8 地域性在分区详细设计中的体现

3.4.8.1 清山蓝苑

此段地形较复杂,部分地段高差较大,尤其临近高尔夫球场一侧,道路绿地可直接透过高尔夫球场看到海,形成良好的景观视线。原场地道路绿化良好、植物丰富,可以加以利用以创造良好的植物景观。设计将充分利用原场地地形,以"清山蓝苑"为主题,借助微地形,创造连绵起伏的山地景观,同时利用原有植物形成良好的绿化环境,为市民和游客创造一个生机盎然的景观大道(图 3-29)。

（1）清山蓝苑分段设计

清山蓝苑 A-1 段位于崂山路景观大道的起始段,西接香港东路,北

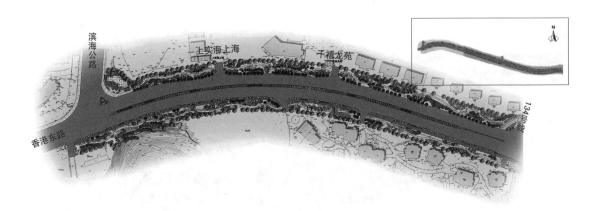

临云岭路,地理位置得天独厚。道路北侧以小区为主,与道路高差较大;道路南侧以别墅区为主,地势平坦,植物群落复杂。该段以"清山蓝苑"为设计主题,充分利用现状地形,营造微地形环境,同时合理分布自行车道、人行道,建立安全舒适的绿道系统。同时,深入挖掘崂山文化,以"崂山石"为景观元素,依据现状地形条件创造舒适的户外休息空间,体现景观大道的人性化(图 3-30)。

图 3-30　清山蓝苑 A-1 段平面图

清山蓝苑 A-2 段原地形平坦,道路两侧植被丰富,绿化效果良好。按照现状地形,考虑到与香港东路衔接的因素,本段植物设计整体上呈现出较为规整的风格,但局部地区点缀一些观赏草和花境,在整体颜色和立面效果上变得更加丰富,同时由于紧邻居住区的原因,道路两侧增加了一些花架及小广场,供市民休息,使该段道路更显出休闲之意(图 3-31)。

清山蓝苑 B-1 段道路北侧以商业建筑、住宅小区以及山脉为主,与崂山路有较大高差。道路南侧以高尔夫球场为主,与道路高差也比较大,可以形成良好的自行车景观视线,因而将自行车道设置在临海一侧,方便骑行者观景。我们对该段的自行车道和人行道采用了多种处理方式,有分开、闭合等不同形式,使得绿道更富有变化(图 3-32)。

清山蓝苑 B-2 段地形较为复杂,道路南侧为高尔夫球场,与道路平面有较大高差,因而考虑到骑行者观景的需要,在局部路段设置了架空的

图 3-31　清山蓝苑 A-2 段平面图

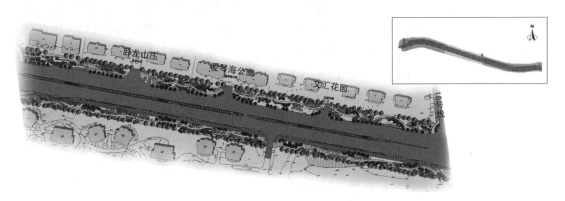

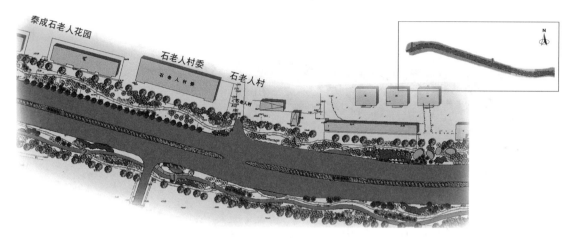

图 3-32　清山蓝苑 B-1
段平面图

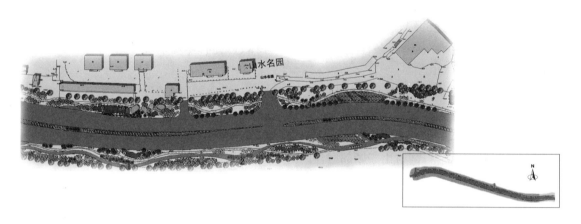

图 3-33　清山蓝苑 B-2
段平面图

木制平台。同时,该段与"天开海隅"段相接,植物配置上已经由规整逐渐向自然式过渡,部分路段的人行道旁设置了花卉、观赏草等花境植物,使整体风格倾向于自然野趣(图 3-33)。

（2）清山蓝苑节点设计

道路南侧西段绿地呈缓坡高起,坡上崂山石堆叠高低错落、疏密有致。山石主峰上延续崂山刻石文化传统,刻有"崂山大道"四字,作为进入崂山区的一大标识。道路南侧东段为一小处山体,则用弧形浮雕挡墙护坡,上刻崂山道家人物肖像及文字介绍,既有效利用了山体,也直观地展示了崂山文化(图 3-34)。

"花林流青"以缤纷的花境和各色模纹花坛为设计元素,创造出流线型的道路开放空间。同时用镂空的特色景墙制造出围合的空间感,形成了道路景观的视线交点。设计将道教文化中的典型符号如拂尘、转九曲、玄武等做成景墙的镂空部分,其间穿插体块状的文字块作为小品,自然地将文化融入道路景观中(图 3-35)。

图 3-34 "崂石迎宾"节点效果图

图 3-35 "花林流青"节点效果图

3.4.8.2 天开海隅

该段道路两岸地形复杂,道路北侧多以山地为主,绿化丰富,道路南侧临海而建,高差较大,可形成良好的景观视线。道路南侧绿化较少,植物主要以地被和小乔木为主,但绿地与海面高差较大,可形成开阔的观海视线。设计主要从"天开海隅"的主题出发,根据现状地形,充分考虑观海及商业的需要,沿路建设木栈桥、观景平台以及餐饮服务等商业设施,在满足游客生活需要的同时创造了开阔的观海景观视线,打造出具有青岛特色的滨海景观大道(图 3-36)。

图 3-36 "天开海隅"段
周边概况

（1）天开海隅分段设计

"天开海隅"A 段是"天开海隅"的起始端，面朝大海，景观视线良好，在开端设置八爪鱼造型的广场，与"海"的这一主题取得联系，独特新颖，能立刻吸引游人眼球，并设计曲线形自行车道，可以快速欣赏海景，增加海边活动，而亲水性的木质平台为游人提供休息、游憩的场所（图 3-37）。

"天开海隅"B 段还顺应地形变化，因地制宜地创造一些微地形空间，配以丰富的植物配置，来营造步移景异的渐变感。在该段的末尾有部分建筑物遮挡了海面，顺势设立停车场，以此来作为缓解交通流动的一种方式（图 3-38）。

规划石老人滨海长廊项目

图3-37 "天开海隅"A段平面图

图3-38 "天开海隅"B段平面图

"天开海隅"C段是重要的观海线,沿海边设置多种形式的空间,满足游人"可达、可触、可玩"的亲近水的天然心理,而高起的瞭望塔成了此处一个标志性建筑物,外观色彩亮丽,造型突出,另外还考虑到夜晚海边景观,设置了水幕景墙,形成独特的风景线,在靠山的一侧,多用植物造景,形成可观赏的垂直山体景观(图3-39)。

"天开海隅"D段除了有游憩观赏性的设施,还有服务性的设施,例如餐饮等和富有海洋风格的贝壳建筑物,符合多种活动开展的需求,并在道路接口设置多个街头绿地,满足功能需要。北侧的人行道两侧植物景观丰富,视线通畅,景观较佳(图3-40)。

"天开海隅"E段是"天开海隅"的末端,靠近海岸边设计有阶梯式高低的平台和走道,可以在高处欣赏海景、享受海风,也打破了海岸的变化。同时,该段靠近"绿野映漫",为与下段取得连接,局部设计趋向于规整(图3-41)。

(2)"天开海隅"节点设计

临风观海——人行步道从路旁曲折延伸到近海处,并设置木质座椅

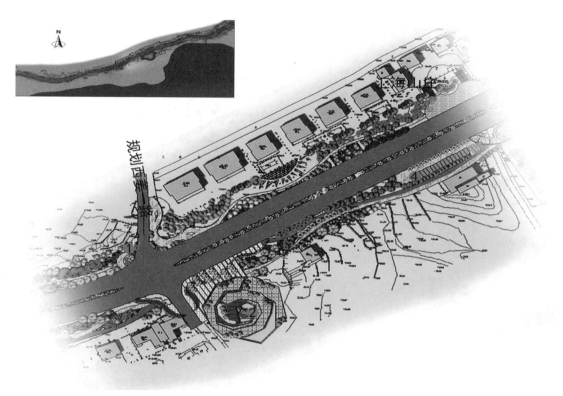

图 3-39 "天开海隅"C
段平面图

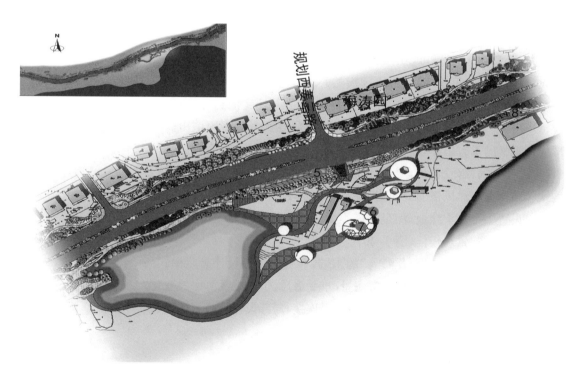

图 3-40 "天开海隅"D
段平面图

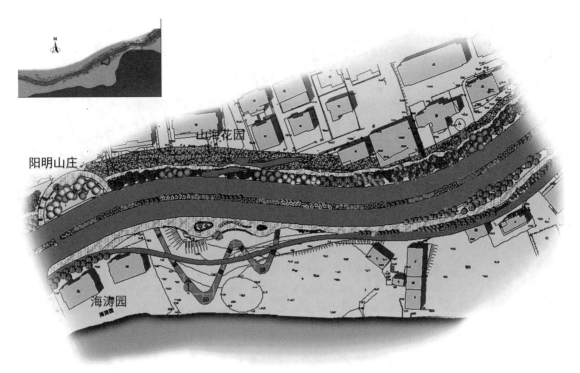

图 3-41 "天开海隅"E
段平面图

图 3-42 临风观海——
人行步道效果图

供休息,游客可近距离观赏大海。自行车道则凌空越过人行步道,骑行者
可享受高空行驶的独特感觉。此节点为崂山大道近海处,视线开阔,设计

图 3-43 "天开海隅"服务点效果图

图 3-44 "薄幕流晶"节点效果图

将人行步道与自行车道均延至海边,其形式流畅,高低错落,交通互不干扰,充满清新的海洋气息(图 3-42)。

该节点为崂山路一大综合服务点,集餐饮、自行车租赁点、观光于一体。建筑造型以海螺为灵感,采用螺旋式结构,外墙用镂空装饰,通透开敞,自行车道绕开自然山体,可通过沿路各个建筑屋顶骑行,骑行者可在这里最大限度地与海接触。整个服务点临海而建,是一处海滨休闲观光的胜地(图 3-43)。

图 3-45 "层现叠出"节点效果图

    薄幕流晶——"层现叠出"一侧的璀璨星光汇集于此,云集成光的波浪,形成了流动光影的水晶幕墙。如面纱一般的水晶幕墙在路口,墙上镶嵌有从道家经典《道德经》中摘抄的古典文字,大小不一,随性排列,形成一种别样的景观。这种半透明的材料没有将后面的广场和绿地完全隔离开来,而是让路过的行人可以欣赏到一部分风景,营造出公共空间,太阳光线透过天空厚厚的云层照射在这个"薄纱"上,会使墙中文字不断变换颜色。当夜幕降临时,薄墙亮起灯光,随墙面起伏,光影摇曳,与夜色融为一体,美不胜收(图 3-44)。此段观海视线良好,人行于开敞的步道上可直接观赏海的美景。自行车道随地势蜿蜒起伏,低处有木质平台供骑行者休息,与人行道之间用特色挡墙间隔,墙上采取碎石拼贴的方式表现海洋元素,使骑行者在路途中有丰富的视觉体验(图 3-45)。

3.4.8.3 绿野映漫

    该段道路地势平坦,道路两侧主要以居住用地和商业用地为主,局部有缓坡,重点打造道路景观。该段道路两侧绿化丰富,地被、灌木、乔木搭配富有层次,但局部地段绿化较差或者无绿化,植物景观缺乏连贯性。该段为本次设计范围末尾段,设计主要从"绿野映漫"的主题出发,考虑路旁居民及商业用地的性质需要,整体延续规则式的景观风格,满足道路绿地需要的同时,创造具有青岛崂山文化的景观路(图 3-46)。

    (1)绿野映漫分段设计

    "绿野映漫"A 段为"绿野映漫"段的开始,也是通往崂山风景区的重

图 3-46 "绿野映漫"段
周边概况

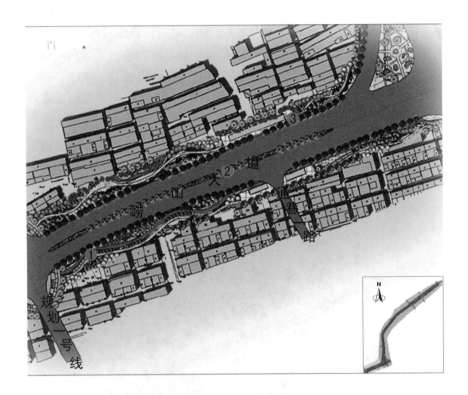

图 3-47 "绿野映漫"A
段平面图

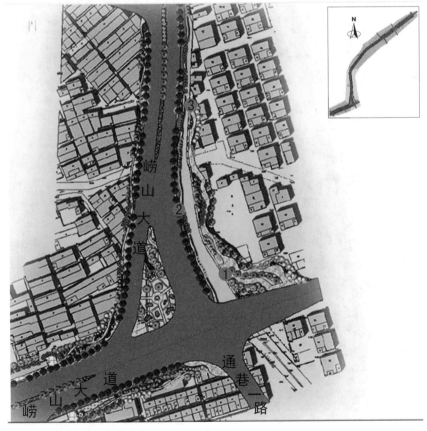

图 3-48 "绿野映漫"B
段平面图

要景观交叉点,整体风格以自然式为主。植物景观以自然式群落为主,中央分隔带由地被、矮灌木和乔木组成,尽量体现自然野趣。充分利用现状水资源,沿道路两侧设置水景,满足周围居民使用需求(图 3-47)。

"绿野映漫"B 段利用道路一侧的河流资源,设置亲水平台和滨水景观。在地下通道、道路交叉口设置开放空间,满足疏散功能。在十字路口交通岛处设置"朋来石阵"景点,其间摆朋来石阵,既能与崂山景区相联系,又能起到引导视线和交通的作用。在一侧河道处设置滨水生憩空间,

图 3-49 "绿野映漫"C段平面图

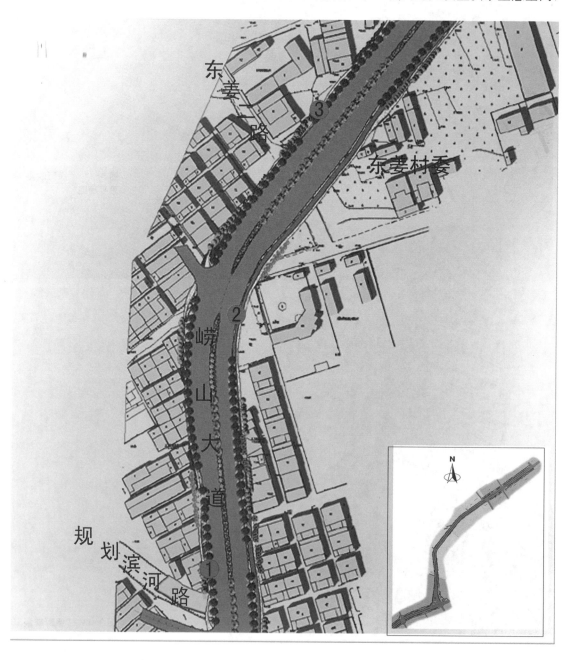

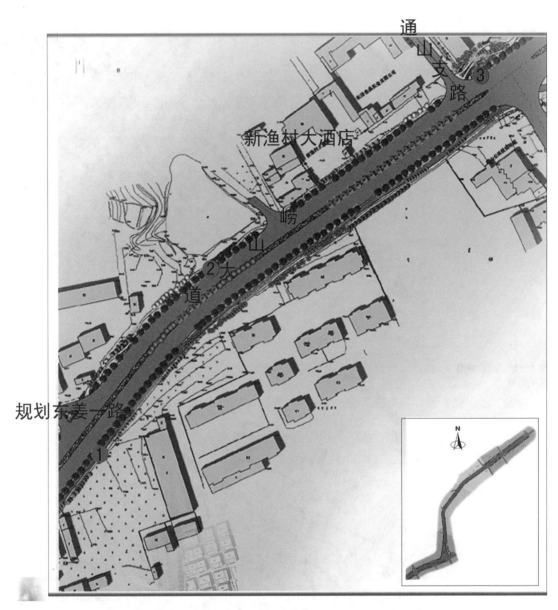

图3-50 "绿野映漫"D
段平面图

为道路景观增光填色(图3-48)。

　　"绿野映漫"C段位于"绿野映漫"段的中间部分,周边以居住区为主,空间相对较狭窄,植物配置以观赏草、花卉和乔木搭配为主,形成高低错落的景观层次。自行车道与人行步道采用并行的方式,中间局部用花带进行分割(图3-49)。

　　"绿野映漫"D段延续"绿野映漫"段的设计风格,以体现自然野趣为主,其中花卉和观赏草是其主要观赏对象。同时,考虑到周边以居住区为主,人行道设计尽量满足周边居民需求(图3-50)。

图 3-51 "绿野映漫"E
段平面图

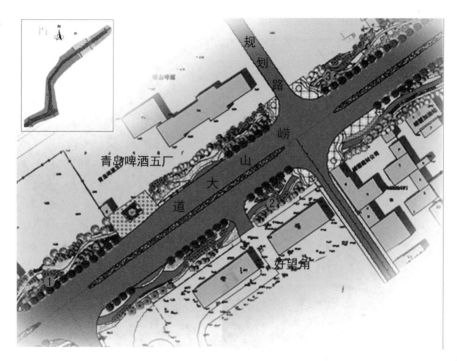

图 3-52 "绿野映漫"F
段平面图

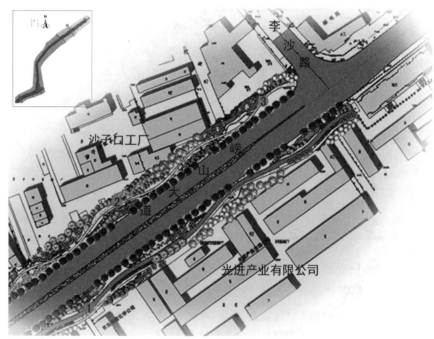

　　"绿野映漫"E段为"绿野映漫"段的结尾段,空间相对比较充裕,景观风格过渡到乡野化,植物配置以花境、观赏草和花灌木为主,植物景观层次丰富。在停车场附近节点处设置疏散广场和休憩空间,满足行人的需求(图 3-51)。

图 3-53 "绿野映漫"节点效果图

图 3-54 "朋来石阵"人视效果图

"绿野映漫"F 段延续乡野风格,植物配置以自然式花境为主,结合矮灌木以及高大乔木,形成丰富的空间层次。人行道与自行车道依然平行布置,但与车行道之间的景观绿化带变宽(图 3-52)。

(2)绿野映漫节点设计

朋来石阵——该路口是进入崂山风景区的重要通道,故石阵取名"朋来",寓意"有朋自远方来,不亦说乎"。石材取自当地崂山石,布置为石阵,高低错落,充分展示崂山当地地域特色(图 3-53)。此节点旨在传递自然清幽的意境,植被均采用自然式栽植手法,主要展示自然式花境,道路两侧种植的花卉和观赏草是其主要观赏对象,给人以自然清新的感觉(图 3-54)。

3.4.9　地域性在专项设计中的体现

3.4.9.1　植物种植设计

(1) 设计原则

特色鲜明——①绿地节奏明快,形式简洁,体现时代风格。②植物配置集中成片,色彩对比明显,以骨干树种为背景,丰富其他类型植物,在统一中求变化。

生态多样——①以乡土植物为主,因地制宜,在保证基调树种统一的基础上大力丰富花灌木的品种,力求物种多样。②植物配置乔、灌、花、地被相结合,同时注重色彩和季相的搭配,依靠多样的配置形式和特色树种创造多样性的绿色景观。

意境相融——①绿地形式和植物选择与道路性质、周围环境相统一,通过色彩、配置手法、形态等烘托总体氛围。②合理利用自然条件,在条件允许时对地形进行改造处理,以创造丰富多变的绿地景观。

(2) 绿化构思

在形成相对稳定的绿化面积和整体基调的前提下,植物的选择与配置采用适地适树、科学选择、合理搭配的原则,利用现代造景手段来创造流动景观,并体现不同的层次性、对比性和韵律感。规划将法桐、银杏、国槐定为基调树种,采用常绿与落叶 3∶2 的比例搭配种植,营造四季常绿并富有季节变化的绿化景观(表 3-1～表 3-3)。

表 3-1　景观路段一:"清山蓝苑"植物种植

乔木	灌木	草本及地被
广玉兰	海桐	花叶蔓长春
国槐	金叶女贞	红花酢浆草
银杏	杜鹃	麦冬
雪松	龙柏	葱兰
桂花	石楠	
碧桃		
水杉		

表3-2　景观路段二："天开海隅"植物种植

乔木	灌木	草本及地被
垂柳	大叶黄杨	荷包牡丹
樱花	棣棠	鸢尾
紫叶李	绣球	美人蕉
碧桃	迎春	玉簪
	绣线菊	早熟禾
		金色箱根草
		灯心草

表3-3　景观路段三："绿野映漫"植物种植

乔木	灌木	草本及地被
合欢	火棘	醉鱼草
棒树	洒金柏	波斯菊
栾树	石榴	瓜子黄杨
女贞	珍珠梅	二月兰
国槐	连翘	沿阶草
法桐	红瑞木	羽衣草
白蜡		

（3）分区段植物景观设计

① 清山蓝苑

道路起始依托两侧别墅区、普通居住区和高尔夫球场,以"城市化,规则化"为设计依据,展现道路整体景观精致风格以及自然野性的元素点缀其间的现代简约风格。在可以看到海滨的高尔夫球场,将视线稍微打开,以此预示着景观的改变。

此路段的绿化景观以高大乔木为主,通过多种乔木的整齐排列,形成较为紧密的、连续的、规则的绿化空间。高层行道树充当屏障,同时注重低层灌木及地被的混植配置,营造浓郁的都市生活空间。在高尔夫球场周围疏密相间的植物群落,构成此处景观绿化的主要特色。球场上运动的人们,可以将视线延伸到延绵的绿色缓坡地及广阔的海洋,预示着下一段道路景观的开始(图 3-55～图 3-57)

② 天开海隅

天开海隅段背山面海,是重要的滨海开放空间,周边原始景观条件较好,有多处可以伸向海面的公共空间可以利用。因此设计时以最大限度地开发开敞的滨海空间为原则,打造自然、浪漫、多变的海上风格。

此路段的植物延续前一段植物配置的风格,以规整为主,但局部打开视线以此来观赏海上风情。利用几何图案创造富有变化的波浪式造型,并加以灯光和小品的点缀,赋予海浪波动、浪花溅起的意境想象。在靠近

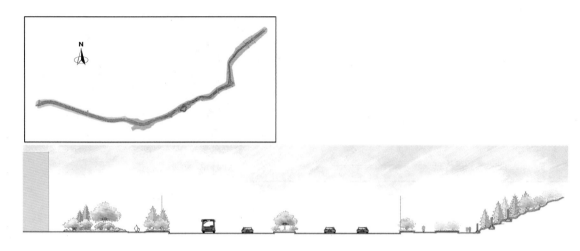

图 3-55 "清山蓝苑"段
道路总断面图

平面图

产面图

断面图

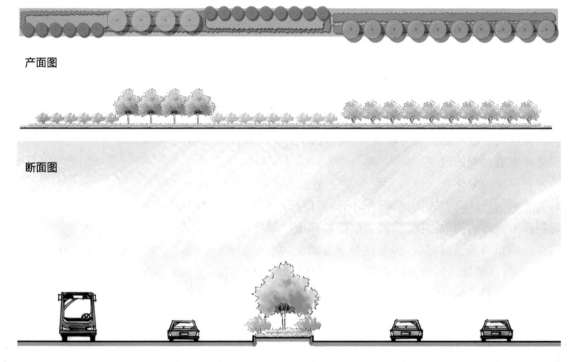

图 3-56 "清山蓝苑"段
车行道路绿化平面图、
立面图及断面图

山坡地段,因地制宜地设置小地形,加以现代草坪拼图形成垂直绿化,既合理地保留了自然风貌,又丰富了植物景观序列。同时在靠海的高低起伏地段,设计有伸向海面的远眺平台以及下沉到海面的下沉空间。完全的滨海开敞空间,给游人提供充分的亲水机会(图 3-58~图 3-60)。

图 3-57 "清山蓝苑"段
慢行道绿化断面图

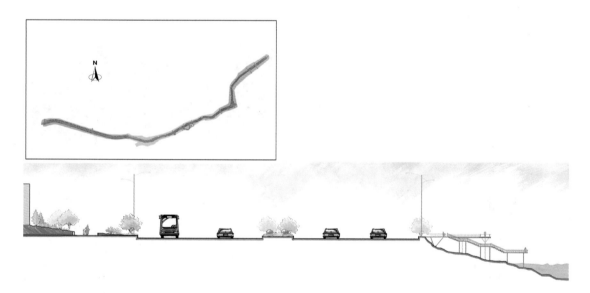

图 3-58 "天开海隅"总
断面图

③ 绿野映漫

"绿野映漫"段两侧为密集的居住区,规划后的道路两侧多了自行车道和步行道,规划的城市开放空间为密集的城市增加了更多活动交流空间,创造互动、流通的格局形式。

为保证与自然相融合,在自行车道和人行道之间用花境的形式分隔,既保证了景观,又保证了开放空间的形成和视线的通透。外围和道路边界延续第一段的高大行道树绿荫空间,形成线性的绿化景观序列,但统一之中有变化。分车带利用观赏草、花卉形成低层格局,使得两侧景观相互

平面图

立面图

断面图

图 3-59 "天开海隅"段
车行道路绿化平面图、
立面图及断面图

图 3-60 "天开海隅"慢
行道绿化断面图

对照,并于其间穿插小型崂山石块,寓意着道路的终止和前往崂山景区
(图 3-61～图 3-63)。

在崂山路绿化中,既有造型高大优美的乔木、健硕美观的灌木,也有

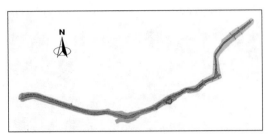

图 3-61 "绿野映漫"总断面图

平面图

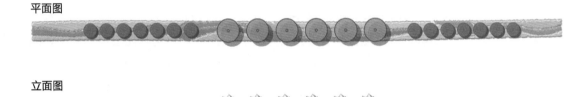

立面图

断面图

图 3-62 "绿野映漫"段车行道路绿化平面图、立面图及断面图

平坦而开阔的草坪和地被植物。然而,还有一类园林植物,其在高度、造型和观赏性能方面独具一格,很有特色,这就是观赏草。观赏草轻易地勾勒出道路边界,使得道路过渡变得自然,遵循"师法自然"的设计理念,使得场地视野开阔,富有层次性。

主要观赏草有大花飞燕草、金色箱根草、美人蕉、狼尾草、羽衣草、萱草等。

图 3-63 "绿野映漫"慢
行道绿化断面图

3.4.9.2 标识系统设计

崂山大道标识系统分为三类:信息说明性标识、导向性标识、识别性标识。三种类别在形式上有一定差别,但在颜色与材质上风格统一,并分别结合崂山大道的 LOGO,呈现出统一而又多变的景观效果。

信息说明性标识:通过图形和文字介绍道路信息以及相关自然人文历史信息,包括使用说明和线路图标识。主要安置于人行步道及自行车道沿途。

导向性标识:通过方向图形符号以及文字向游客传达方位及目的地。主要放置于人行步道及自行车道路口处。

识别性标识:通过图形符号及文字信息表示道路沿线各个景点和相关设施所在位置(图 3-64)。

图 3-64 标识系统设计图

4 案例分析——基于文脉传承的常州市南部新城长沟河两岸绿道景观规划

4.1 项目概况

4.1.1 项目区位

常州市位于长江之南、太湖之滨，是江苏省省辖市，处于长江三角洲中心地带，与苏州、无锡联袂成片，构成苏锡常都市圈。

长沟河位于常州市武进中心城区内，北起大通河，南连武南河，总长约9.6 km。作为联系京杭大运河与西太湖之间的呈南北走向的重要河道，长沟河是影响整个武进区的骨干河道之一。长沟河现状河口宽度18～40 m不等，河底标高约1.9 m(黄海高程)，主要承担防洪、除涝、调蓄、景观、文化、生态环境等多重功能，在城市绿地景观风貌系统中占有重要地位，也是城市文脉的重要载体。

4.1.2 历史沿革

常州是一座有着3 000多年历史的文化古城，古称延陵、毗陵、武进、中吴、龙城等。常州是长江文明和吴文化的发源地之一，也是南朝齐梁故里。常州历来被称为"中吴要辅""八邑名都""三吴重镇"等。而且，许多名人雅士称赞常州"儒风蔚然，为东南冠"，清代思想家龚自珍将常州誉为"天下名士有部落，东南无与常匹俦"。

武进拥有5 000多年的人类文明史、2 700多年的古城建设史，概括起来即为"上古之光、季札之贤、勾吴之雄、齐梁之基、铁城之殇、文化之兴"，历史文化源远流长，人文荟萃，英才辈出。境内的春秋淹城遗址是我国最古老、保存最完好的地面城池，是春秋文化可探寻的古老遗存，是武进独一无二的文化遗产。

2007年，武进一举夺得"国际花园城市"金奖，初步形成了"国际花园城、人居新天地"的城市特色和城市品牌。现在武进正一步步跨入国际化大都市的行列，朝着国际化高品质精致城区的目标迈进。2013年中国花博会在武进区花木之乡夏溪举办，为武进区的发展带来了新的契机和挑战。西太湖地区作为花博会主会场所在地已经开始了新一轮的规划建设,绿地特色建设将有大幅度提升。

长沟河地处武进中心城区,其两岸地块为城市建设的前沿阵地。自20世纪90年代末以来,已经陆续建成了城西工业园、鸣凰工业园、淹城旅游区等功能片区。早期由于片面追求经济发展而忽略了对河流的保护和污染治理,造成水质恶化。而后政府主导了长沟河整治工程,对水质和驳岸进行了系统的治理和改进。如今的长沟河不仅见证了沿河工业的发展历史,是流经城中的"记忆之河",而且将通过新一轮的滨水绿地景观规划设计,成为一条"景观之河"与"文化之河"。

4.1.3 上位规划解读

4.1.3.1 武进"十一五"规划编制成果汇编

常州武进区在"十一五"规划的五年中,成功创造了"三年大变,五年巨变"的历史辉煌。从"武进无城"到"现代新城",从"国际花园城市金奖"到"联合国人居环境特别荣誉奖",武进的城乡建设实现了破茧化蝶的神奇蜕变。

五年辉煌值得赞叹,五年伊始再展宏图。成绩代表过去,希望更在未来。"十二五"是全区继续加快发展、率先基本实现现代化的攻坚阶段,规划工作任重道远。"十二五"规划提出了建设"智慧武进、低碳武进、幸福武进"的总体目标,继续坚持把科学规划作为城乡建设的纲领,立足城市化加速推进的现实需要,高屋建瓴抓研究,精益求精抓编制,严格规范抓管理。规划特别强调了要加快打造"经济充满活力、社会和谐共生、文化彰显融合、环境生态宜居的国际高品质精致城市",将文化彰显提升到了规划层面。

4.1.3.2 常州市各类绿地规划实施导则

为加强常州市各类绿地的规划建设,科学指导与规范各类绿地的规划与管理,从而保护城市生态、改善城市景观,提升城市形象,塑造城市特色,常州市制定了各类绿地规划实施导则。导则中明确了边坡、驳岸、栏杆绿化覆盖率的下限要求[33]。其中,城市河道两侧的驳岸绿化覆盖率应不小于80%。

4.1.3.3 常州市武中分区绿地系统规划

为改善城市生态环境,提升城市品位,彰显城市魅力,整合、优化武中分区绿地系统布局和结构,切实可行地指导城市绿地建设,常州市编制了武中分区绿地系统规划。规划中明确了武中分区的绿地系统"一环二楔、三轴四廊、多园多点"的布局。其中,"三轴"指的是:

(1)常武路景观轴:沿常武路两侧规划控制大型景观绿地,建立分区现代风貌景观轴。

（2）延政路景观轴：沿延政路两侧规划控制大型景观绿地，建立分区历史文化风貌景观轴。

（3）淹城路景观轴：沿淹城路两侧规划控制大型景观绿地，建立分区历史文化风貌景观轴。

以上三条道路均为横跨长沟河的交通干道，因此，在进行长沟河两岸绿地景观规划设计时，应在相应的交会节点重点体现城市的现代风貌以及历史文化，并处理好不同景观之间的过渡关系。

4.2 场地文脉要素分析

4.2.1 自然要素

4.2.1.1 原生自然植被

长沟河两岸尚未经过大规模的开发，目前还存在大量的滩涂地，一些区域的自然植被仍然保留着原生的自然状态，如水边生长繁盛的芦苇荡。这些原生的自然植被展现了长沟河最原始最本真的样貌，记载着长沟河的发展历史。在滨水绿地开发过程中，选择保留了原生的芦苇荡，作为绿地景观的一部分，能够原汁原味地体现出江南水乡的特色。

4.2.1.2 市花市树

常州市的市树为广玉兰，市花为月季。市花市树作为常州本地的乡土植物，除了能够反映当地的地域植物特色，还能够因其色彩、形态的象征意义表达出特有的文化内涵。广玉兰的花语为美丽、芬芳、纯洁，以此来展现城市优雅、高洁的形象。月季的花语为幸福、希望，繁多的品种和缤纷的色彩用于花境中能够制造出生机勃勃、热闹非凡的景象。市区已建成的紫荆公园内栽植各种月季，是最大的月季主题公园，吸引着市民和游客前往观光。由此可见，月季本身暗含了带有满满正能量的花语，加上人们对其的喜爱和钟情，决定了它是一种绝佳的景观资源，既体现地域植物特色，又有利于展示城市文化。

4.2.2 历史要素

4.2.2.1 淹城遗址

春秋淹城位于长沟河中段，是春秋时期诸侯国都城的遗址之一。淹城于1988年被国务院列为全国重点文物保护单位，其历史、艺术和科研价值都很高。

淹城遗址迄今已有2500年的历史，是我国目前存留最为完好的春秋时期"三城三河"地面城池遗址。遗址东西850 m，南北750 m，总面积

65 万 m²，由内到外分别由子城、子城河，内城、内城河，外城、外城河三城三河相套组成。此种都城规划形制在我国的城池遗存中绝无仅有。因而，淹城在常州的历史文化中具有不可替代的重要地位，是展现城市悠久历史和丰厚文化积淀的珍贵资源。

4.2.2.2　工业遗迹

早期由于城市经济发展和工业生产的需要，在长沟河两岸开发建设了一些工业厂房。如今，城市化进程不断加快，城市生活质量不断提高，势必带来产业结构调整和产业升级，高污染、高能耗的工业被要求迁离市区。因此，原先的厂区被废弃，留下了空置的厂房、烟囱、工业构筑物等。

这些被废弃的建筑和设施，见证着长沟河的变迁，具有历史文化价值，经过艺术加工和创造，可以重新被利用。在工业遗迹的基础上形成的后工业景观，既具有景观价值，又富有文化意义。

4.2.2.3　民间工艺

常州地区流传有许多民间工艺，如梳篦、雕刻、乱针绣、彩绒画等，都是中国的传统瑰宝。民间工艺中所蕴含的思想精髓、形式语言以及设计手法，都可以为滨水绿地景观所借鉴和发扬。

4.2.3　当代人文要素

4.2.3.1　城市精神和城市荣誉

常州的城市精神被描述为"勤学习、重诚信、敢拼搏、勇创业"。这是对常州优秀传统的萃取，既体现出了地域特点、市民风气，包含了城市自我完善的要求，也注入了新的时代内涵。既与中华民族传统美德相承接，也与现代科学发展观相合拍。常州积极向上的城市精神对于构建新的城市品格、弘扬高尚的公德世风、推动未来社会发展有着重要作用，为城市的现代化建设提供强大的精神动力和智力支持。

常州作为历史文化名城和长三角地区活力十足的现代化都市，在经济、文化、科技、社会等方面的发展成就均位于全国前列。曾被评为"全国综合实力 50 强城市""全国投资环境 40 优城市"，成功创建了"国家卫生城市""国家环保模范城市""国家园林城市"和"国家生态城市"，获得"全国科技进步先进城市""全国社会治安综合治理工作优秀地市""全国文明城市""中国优秀旅游城市""中国十佳和谐可持续发展城市"称号，并荣获"中国人居环境范例奖""国际花园城市金奖""2012 中国特色魅力城市"的称号。第八届中国花卉博览会于 2013 年 9 月 28 日在常州市武进区西太湖畔盛大开幕。此届中国花卉界的"奥林匹克"主题为"幸福像花儿一样"，其规模之大、档次之高和影响之广，赢得了社会和人民的高度认可，为常州的城市名片增添了亮丽的一笔。

4.2.3.2　生态文明

随着风景秀丽的太湖湾、烟波浩渺的西太湖、历史悠久的淹城遗址、独树一帜的三勤农业生态园、生态仙境武进农博园和花卉博览会展园的完美呈现,常州这块"风水宝地"吹响了生态文明的号角,各式生态景观大放异彩。

常州市武进区在奋战"十二五"目标时提出"花都水城,浪漫武进"的主题,显示出对生态文明的高度重视和创造人文新生活的美丽憧憬。这是武进文化底蕴的生动体现,也是对外交流的靓丽名片,使武进真正成为本地人欣喜自豪、外地人慕名而来、旅游者流连忘返的生态之都和浪漫之都。

4.2.3.3　市民文化

市民扮演着城市的重要角色,是城市的建设者和受益者。市民文化内容丰富、形式多样,成为城市最重要的人文景观。

常州市建筑、雕塑、公园数量众多,分布广泛,是市民文化特别是立体文化内容的重要载体。目前,这些公共空间和城市家具的利用率在不断提高,越来越多的市民选择在这类场所进行阅读、交流、健身、跳舞等活动。这种现象反映出市民对生活方便与安逸的需要以及对艺术化和审美化的追求,这也为城市景观指明了新的方向。

随着城市环境的改善和人们学习理念的更新,阅读已不仅仅局限在室内,越来越多的人喜欢带上书籍、报刊等前往公园或广场,选择一处相对安静的场所进行阅读。在阳光、鸟鸣、花香的陪伴下,享受美妙的阅读体验。

广场舞作为一项文娱健身活动,得到广大市民的认可和追捧。每天的傍晚时分,许多市民不再像从前那样坐在沙发前观看大同小异的电视剧,而是纷纷走出家门,不约而同地聚集到就近的公园、广场,跟随着音乐的节拍跳起广场舞,这不仅是一种休闲活动,也成为一种独特的市民文化。

4.2.3.4　外来文化

当今世界正向着信息化、融合化的趋势发展,为文化交流搭建了便捷且广阔的平台。常州在近几年的发展过程中,不断学习和引进优秀的外来文化。

创意产业园的兴起和蓬勃发展,为年轻人创业和艺术家创作提供了良好机会,也使得后工业文化为越来越多的人所熟知。欧式小教堂出现在社区和主题公园中,引进了西方基督教的信仰,为一部分人带来了新的精神寄托。此外,动漫文化、旅游文化等诸多起源于西方国家的文化理念也在常州得到了空前的发展。

例如,以"漫享生活,创意龙城"为主题的中国国际动漫周在常州举办,使动漫文化得以推广和发扬,在常州文化中融入了更多的国际元素,大大增强了常州的文化吸引力。

再如,恐龙园、淹城春秋乐园等主题公园的建成,在景观设计中融入了旅游文化的元素,不仅本地市民喜闻乐见,而且来常州观光的游客在发现这些元素后也会收获一些意外之喜。

4.3 案例启示

(1) 美国纽约滨水区

改善水体边界的亲水性,强调可接近性,设置滨水的游步道和自行车道,改善的"边界"将民众吸引到水边,并将周边社区与水域的生态系统相联系。

一条滨水绿带大大提升了周边社区的宜居性,增强了社区的活力。

(2) 首尔清溪川河道景观改造

建设以水和人为中心的城市滨水空间良好的亲水性,打造清新的休闲、娱乐、旅游空间,满足人们拥抱绿色的渴望。

(3) 上海后滩公园

建立湿地体系,参照后滩公园可分成四部分,分别由滨江芦荻带、内河净化湿地带、梯地禾田带和原生失地保护区组成。

通过梯地禾田梳理场地高差,在梯田中创造各种空间来提升湿地两侧的景观品质,使游人走入这个生命系统之中,能最直接地感受农田、湿地景观。

(4) 洛杉矶河道复兴

短期内,可以把河堤改建成景观式的阶梯,不仅能为野生动物提供栖息地,也有利于水质改良和公共安全,长期目标则是复原河边的生态系统。

三个主要的系统策略:建设新的开发空间,改善河流水质,建造城市绿色网络并与河流连通。

4.4 总体规划

4.4.1 规划设计原则和依据

4.4.1.1 规划原则

规划原则为以下五点:

(1) 空间开放化:引入绿道概念,完善城市慢行系统,串联沿河公园绿地。滨河绿化带规划为开放线性绿色空间,人们可自由游览。

（2）水景生态化：坚持生态效益优先，形成水生植物群落，岸边硬质景观尽量减少对水环境的干扰和破坏，逐渐恢复和完善水岸生态系统。

（3）绿化自然化：采用自然式的绿化形式，花卉布置以花丛、花境为主，树木搭配形式多变，以自然的树丛、树群来区划和组织空间，反映植物群落的自然之美。

（4）景观人文化：提炼水乡文化、春秋文化等武进典型文化景观资源，融入景观规划设计中，提升城市景观的文化底蕴，建设城市标志性绿地、历史文化性绿地。

（5）设施人性化：各类服务设施的规划和建设以人们的使用需求为出发点，布局合理，尺度适宜，体现人性关怀。

4.4.1.2　规划依据

《中华人民共和国河道管理条例》和《江苏省河道管理实施办法》

《中华人民共和国防洪法》和《常州市区防洪排涝规划》

《常州市城市总体规划（2008—2020）（送审稿）》

《江苏省城市规划管理技术规定（2004 年版）》

《城市道路和建筑物无障碍设计规范》（JGJ 50—2001）

《公园设计规范》（CJJ 48—92）

《常州市武进区长沟河水利整治规划》

4.4.2　规划设计定位

长沟河的总体定位为生活型滨水绿地，主要承担周边居民和少量游客的日常休闲、娱乐需要。

长沟河两岸景观规划整治工作着力于完善功能设施，提升沿线环境品质和塑造城市特色，做好水系清淤、水体净化、驳岸改造、植物配置等工作，建立慢行系统、服务设施、节点景观建设、标识系统以及照明系统，挖掘长沟河两岸的文脉特色。

4.4.3　规划设计理念

"花香四溢遍两岸，都市田园忆江南，水清岸绿行慢慢，城绿水碧竞流连"是整个设计的理念。意在打造宜居长沟、印象长沟、生态长沟以及品质长沟。

宜居长沟：结合功能性的绿色慢行系统方便民众健身与亲近自然，营造更多的绿色滨水景观，创造更多的宜居空间。

印象长沟：保留城市原有肌理与文化脉络，在景观改造的同时留住城市的记忆，营造具有城中记忆的空间。

生态长沟：以水景为主要造景对象，抓住生态的本质，对水进行循环净化处理,营造净水、亲水、游水、嬉水的生态平台。

品质长沟:以富有生命力的植物赋予空间活力,营造清新宜居的生态绿地,滨水地区着重滨水花境的打造,创造浪漫空间。

长沟河是一个生态的河道,一个慢行的走廊,一个文化的载体。这是一个城市中的生态河道,并以此为契机,改善城区水资源的质量;是一个为周边居民乃至整个城市提供休憩生态体验以及生态科普的自然廊道,改善城市景观风貌;是一个提倡慢行出行的先行实践,鼓励居民步行和使用自行车、真正慢下来的绿道;是一个保存和传承城市记忆的鲜活载体。

4.4.4　规划设计主题

规划设计主题即"诗意水岸,浪漫栖居",将诗意的形式、文化的体现、公众的使用和生态的重建融为一体,是一个完整的城市空间和生命力的再创造,打造诗意水岸,恢复城市生机,构建宜居城区。

在"诗意水岸,浪漫栖居"主题的引导下,从生态、宜居、印象、品质四个角度深入挖掘河道价值,对现有景观资源进行适当保留与更新。针对长沟河两岸用地现状与规划的调研分析,将沿岸景观分为三个主题段落,分别为"簇拥悦河,华彩乐居""水榭香堤,吴韵遗风""探访记忆,水乡新语"三段。

"簇拥悦河,华彩乐居"段从京杭运河起,到长虹路止。由于该段两侧用地性质均以居住区为主,因此该段主题定位于两岸居民为主要服务对象,创造自然生态的居住环境,打造浪漫宜人的滨河空间,达到人与自然和谐相处。该段共四个主要节点,主题定位分别为水景公园、滨水开放空间、玉兰园以及儿童公园。通过不同的公园主题,形成各具特色的绿地开放空间(图 4-1)。

图 4-1　"诗意水岸,浪漫栖居"主题规划图

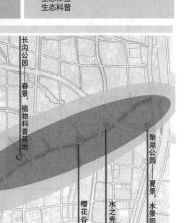

　　"水榭香堤,吴韵遗风"段从长虹路起,到滆湖西路止。该段处于淹城景区内,滨河流段两岸景观已经建成,景观风貌与吴韵历史文化相结合,白墙黑瓦、小桥流水创造出了水墨江南的特色。因此,该段规划保留原有建设的景观,以淹城为中心,并融合历史文化,进一步深化春秋吴韵的主题,形成文化特色鲜明的滨河景观(图4-2)。

　　"探访记忆,水乡新语"段从滆湖西路起,到武南路止。该段两侧用地性质存在部分工业用地并且离工业区较近,因此该段主题定位于保留两岸部分废弃工厂,并对其进行重新改造,形成后工业景观,同时挖掘江南水乡特色,寻求水墨江南的景观风貌。该段共两个主要节点,主题定位分别为文化创意产业园和工业雕塑园。通过不同的公园主题以及两岸的水乡景观,形成特色鲜明的绿地空间(图4-2)。

4.4.5　实现方法

　　随着城市建设的快速发展,人们物质、精神需求的不断提高,长沟河沿岸已建成了一些居住区和公园景点,如星河国际居住区、绿地香颂居住区、淹城春秋乐园等。长沟河两岸景观规划不能只针对局部地块"做文章",而应全盘考虑整体景观面貌,保证规划效果(图4-2)。

　　因此,规划景观与现状景观的合理衔接显得至关重要。在操作过程

图4-2　"诗意水岸,浪漫栖居"主题实现方法

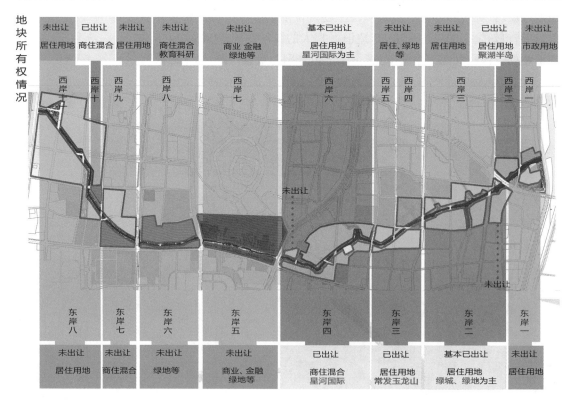

中,需要特别注意以下问题:①慢行系统的贯通性;②景观风格的协调性;③新建景观的必要性;④工程实施的可行性。

星河国际居住区一期沿长沟河东岸为高层住宅区,西岸为高档别墅区,建筑与绿化景观工程已基本建设完毕。沿河采用自然式绿化,层次丰富,种类多样。驳岸形式亦为自然式,利用石块与水生植物搭配。规划中的景观应在风格、形式上与建成段协调一致,不形成强烈的对比和冲突。建议与开发商协商,在保证居住区安全性和私密性的前提下,让出慢行空间,实现慢行系统连通(图 4-3)。

居住区内星河学校方案已审批,未留出慢行空间,此段慢行空间从居住区外围绕行,与城市道路共线。

已出让但尚未完成规划方案审批的地块,要求围墙外蓝线退后 20 m,

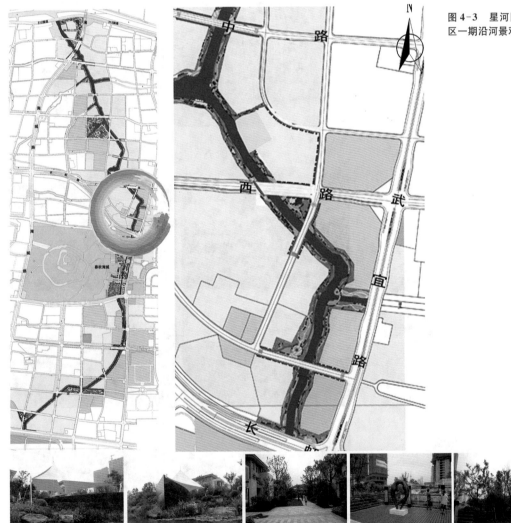

图 4-3　星河国际居住区一期沿河景观

建筑退后蓝线 25 m,不得占用滨河绿地。

　　淹城传统商业街位于淹城春秋遗址东部,仿汉唐式建筑,建成以博物馆、收藏馆、民间艺术馆为主体,经营地方美食、纪念品、工艺品、古玩、地方特产为特色,集收藏、展示、餐饮休闲于一体的综合文化商业区。传统商业街坊由中医街、文化街、美食街三条特色古街组成。商业街内禁止通行车辆,建议此段慢行通道与城市交通共线(图 4-4)。

　　绿地香颂居住区规划设计方案已审批,目前处于建设过程中,绿化景观基本建成,一些设施小品带有欧式风情,但整体绿化以自然式为主,可以与滨河绿化带整体风格相融合。

　　居住区围墙线退后蓝线 20 m,具备实现慢行系统连通的可行性。建

图 4-4　淹城传统商业街街景

议与开发商协商,在保证安全性和私密性的前提下,将沿河 20 m 范围的绿地开放。

　　根据常州市武进区水上旅游线路规划,长沟河部分流段规划为旅游线路,包括京杭大运河—大通河流段、大通河—人民路流段、人民路—长沟路流段、长沟路—大坝浜流段以及小留河—武南河流段。

　　作为旅游线路的流段,为满足游船停靠和观景的要求,码头驳岸宜采用低挡墙式,护坡宜采用台阶式。公园绿地驳岸宜采用自然坡形式,与公园景观布置有机结合,形成错落有致的滨水空间(图 4-5)。

　　为满足游船通行要求,桥梁梁底标高不得小于 4.5 m,长沟河作为旅游线路的区域中现状和规划桥梁共 11 座,桥梁情况如表 4-1,能够保证游船通行。

图 4-5　公园绿地驳岸断面示意图

表 4-1　长沟河现状和规划桥梁信息汇总表

流段	桥名	形式	桥面标高(m)	梁底标高(m)	建设情况	实施措施
京杭大运河—大通河	西大通河桥	梁式	5.7	4.5	现状桥梁	保留
	大通河桥七	梁式	5.7	4.5	规划桥梁	新建
	连心桥	梁式	6.0	4.8	现状桥梁	保留
大通河—人民路	大通河桥六	梁式	5.7	4.5	现状桥梁	保留
	长沟河桥一	梁式	5.5	4.5	规划桥梁	新建
	双塘桥	梁式	5.8	4.6	现状桥梁	保留
人民路—长沟路	长沟河桥二	梁式	5.5	4.5	规划桥梁	新建
长沟路—大坝浜	长沟河桥三	梁式	5.5	4.5	规划桥梁	新建
	社桥	拱式	5.8	4.3	现状桥梁	保留
小留河—武南河	长沟河桥	梁式	5.4	4.5	现状桥梁	改造
	沟南西桥	梁式	5.4	4.5	现状桥梁	保留

4.5　规划设计内容

4.5.1　总体规划

　　设计总体形成了"一心两轴三区八点"的格局："一心"——淹城景区——文化核心；"两轴"——河道生态轴、慢行生活轴——结构骨架；"三区"——三个主题分区——整体规划；"八点"——八个绿地节点——重点亮点。

　　春秋淹城为文化核心，辐射南北；河道生态轴和慢行生活轴构建景观骨架，串联三段主题分区和八个绿地节点；两岸景观沿袭武宜路"水墨江南"的秀丽和淹城路"卷轴春秋"的醇厚，集景观与文化于一体，使长沟河滨河绿带成为武进城区具有系统性和代表性的带状景观，扩大服务对象范围，使其不仅能够改善沿岸居民的生活品质，而且能够提升整个武进城区的景观风貌(图4-6)。

4.5.2　专项规划

4.5.2.1　慢行系统规划设计引导

　　慢行系统(Pedestrian & Bicycle System)也可以称为非机动化交通，是一种针对行人和骑车人的需求，以步行交通和自行车等非机动车为基础的一种交通模式，一般出行速度不大于15 km/h。慢行系统通过结合城市沿线土地利用以及服务设施，给不同目的、不同类型的行人和骑车人提供安全、通畅、舒适、宜人的步行环境，从而吸引更多的行人使用步行或自行车出行。

　　通过慢行系统的规划引导，可以很好地改善行人和非机动车交通系统的运行环境，行人和非机动车交通的安全性、舒适性与便捷性，提高了长沟河滨河一带的综合吸引力与竞争力，使其成为武进城区最具活力、舒适宜居的滨河地段。

　　(一)慢行系统规划目标

　　(1)制定合理的滨河慢行交通策略和慢行空间发展策略，引导长沟河周边居民的慢行出行行为，为构建和谐城市、和谐交通发挥作用。

　　(2)从城市整体发展的角度科学规划慢行廊道，满足周边各类人群的交通性、社会性、生活性的慢行出行需求。

　　(3)塑造生态和谐、环境优美、富于特色的慢行环境，营造良好的滨河景观，为市民休闲、健身、购物提供场所。

　　(4)制定有效的措施解决快慢交通冲突、慢行主体道路连贯性与畅

图 4-6 长沟河滨河绿
带总平面图

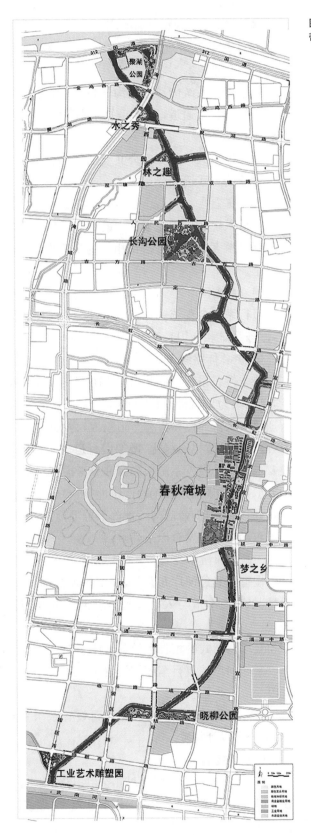

通性等问题,重塑良好交通秩序。

(二)慢行系统规划原则

(1)连通性

整个慢行系统能够起到沟通自然、历史、人文节点的作用,并作为居民与自然的联系通道,同时可作为居民通行的便捷通道。

(2)便捷性

慢行道出入口与城市公共交通体系合理衔接,使武进市民及周边居民以便捷的方式进入绿道活动。

(3)安全性

慢行系统布局需完善其中的标识系统、应急救助系统以及安全防护设施等与游客人身安全密切相关的配套设施,充分保障市民及游客的人身安全。

(4)系统性

慢行系统全程统一标识系统,设置方向清晰的标识指引,并设置标距柱,服务系统和标识系统全程风格统一。

(三)总体路线布局

整个慢行系统路线沿长沟河两岸布局,北起聚湖公园,南至武南河止,以淹城为界,分为南北两段,沿途经过8个绿地节点、23座桥梁。慢行通道由人行通道和自行车道组成,为人们提供慢跑、散步以及骑行等场所,沿河需布置生态绿化,增加慢行道的亲切感,充分体现宜居城市的建设要求。整个慢行系统布局需充分考虑现状场地以及后期规划建设用地的要求,如与规划建设用地产生冲突,自行车道和游步道可绕行。遇绿地节点处,慢行道需考虑与绿地内部合理衔接,使其保持连贯性。

布局要点主要有以下几点:

(1)紧邻河岸线

慢行道紧邻河岸布置时,根据用地范围限制和不同开发商的规划建设情况,自行车道与人行步道合并或者分开布置,河道两侧均有慢行道布局。

利用自然式的植物种植与水体景观结合,营造优美的慢行环境。

紧邻河岸的自行车道需设置护栏等安全防护设施,避免骑行者发生危险。

紧邻河岸的游步道部分路段可设置亲水平台,亲水平台设计需满足《城市公园设计规范》。

(2)链接节点

绿道应与公园、广场等城市公共开敞空间系统密切联系,考虑以公众使用频繁的公园、广场作为绿道的起点、尽端或衔接点。慢行道通过绿地节点时,可结合绿地内部交通道路,选择进入其中或绕行。

未建成的绿地节点和滨河公园,内部交通规划设计要结合慢行系统的布置,能与外部慢行道合理交接。

已建成的绿地节点,有条件的可进行节点道路的改造,满足慢行需求。不能满足条件的节点,慢行道可结合道路人行道绕行。在淹城节点处,滨河空间已经建成,自行车线路与步行线路可选择在现有的空间中绕行。

（3）商业结合

根据已经规划的滨河商业街,慢行道可与商业步行街结合或在建筑后绕行。

绿道进入商业区时,考虑设置接驳点与步行街进行衔接,并在接驳点处设置自行车停靠点或租赁点。

对于允许自行车进入的区域,可采取划线、地面铺装变化或设置绿化隔离带等措施,使之与人行道保持一定的安全防护距离,保障行人与骑车者的安全。

可考虑小规模的道路改造和交通管制,实现区内连续无障碍通行。

（四）慢行交通建设要求

（1）步行道

①设计要点

A. 提高步行系统的安全性、可达性、导向性与可识别性,与公共交通系统的无缝衔接,确保较高的通行能力和服务水平;B. 重视道路两侧的景观设计,使步行活动成为一种愉悦身心而又具有审美情趣的体验;C. 塑造场所归属感,维护公共环境,提高安全性;D. 最大可能地照顾弱势群体,合理设置城市家具以及无障碍设施,考虑满足老年人与儿童的使用需求,形成优良的慢行环境。

②宽度控制

A. 要保证人行道的基本畅通,人行道步行空间宽度宜控制在 1.8～3.0 m;B. 人行道与机动车道之间的绿化带与设施带一般控制在 1.5～3.0 m;C. 人行道靠近建筑的,建筑前要统退线,建筑前区宜控制在0.5～3.0 m 且与人行道之间无绿化带分隔;D. 当空间足够时,人行道可增加更宽的旁侧空间用于树木、灌木等景观性质内容的设置或市政设施以及地块接入口的坡道变化。

（2）自行车道

①设计要点

A. 提高非机动车交通系统的连贯性、可达性和导向性,与公共交通系统的无缝衔接,确保较高的通行能力和服务水平;B. 非机动车停车系统的布置要合理,便于游人使用;C. 与步行道进行有效的区分,采用醒目的路面铺装色彩变化或者绿化带分隔,确保人车分流,保证安全性;D. 最大可能地照顾弱势群体,合理设置城市家具以及无障碍的综合布置,满足老年人与儿童的使用需求,形成优良的慢行环境。

②宽度控制

A. 要保证自行车道的基本畅通,兼顾双向交通,骑行空间总宽度宜控制在 5 m;B. 人行道与非机动车道之间的绿化带与设施带一般控制在 3～8 m;C. 自行车道与外侧道路的机动车道之间的绿化带一般控制在 3～5 m。

(3) 综合道

在用地紧张的城市中心及广场、步行街等公共空间有限的区域,可考虑设计人行与车行混合的慢行道,以充分利用道路空间。采用不同铺面材料或彩色路面将机动车道与非机动车道清晰分开,尽量少设置物理隔离设施,不在道路上增加额外障碍物,铺装材料和色彩的区别要醒目、易识别。

确保机动车不能进入休闲道,休闲道尽头应设置保护墩和安全横穿设施。

(五) 慢行道标准断面说明

(1) 标准断面 1:单功能慢行道

较为宽敞的地段,综合地形条件将自行车道与游步道分开设置,道路之间有绿化带分割(图 4-7)。

(2) 标准断面 2:多功能综合慢行道

地势平坦的地段,采取人车混行的方式,满足最小道路宽度 6 m 的条件,路面铺装采用不同的材质并划定分车线进行分割(图 4-8)。

(3) 标准断面 3:单功能慢行道

较为宽敞的地段,将自行车道与游步道分开设置,道路之间有绿化带分割,绿化带宽度因地而异,在节点处绿带变宽,可提供一定的休憩设施(图 4-9)。

图 4-7　标准断面 1 示意图

图 4-8　标准断面 2 示意图

图 4-9　标准断面 3 示意图

（4）标准断面 4：多功能综合慢行道

有高差错落的地段，由于地形限制，宽度有限，采取人车混行的方式。地势较低的地方，可考虑设置滨水游步道，分散人流，缓解综合慢行道的人流与车辆的冲突（图 4-10）。

（六）慢行设施

整个慢行道穿越 7 条城市主干道和 23 座桥梁，为保持慢行道的连贯性，满足市民及游人通达性的要求，需要根据不同场地设置不同过路、过桥方式。

（1）过桥设施

① 立体过桥设施

原则上不采用工程量较大的立体过桥设计，包括上跨天桥、下穿涵洞

常水位

图 4-10　标准断面 4 示
意图

等形式,以平面过街形式为首选方案。

　　在重要景观节点处如果慢行道与高等级公路、城市快速路及交通性
主干道相交,慢行道的连接性受到影响,可结合景观需要设计人行天桥,
景观处理应与滨河景观节点周边环境相协调,符合长沟河滨河景观设计
主题。

　　② 平面过桥设施

　　在一般路段遇桥,包括拱桥与平桥,为减少工程量,保证滨河生态性,
就近选择城市道路路口绕行过桥,通过绿化隔离带阻挡外部机动车对行人
和自行车的干扰,在绕行处提前设置减速提醒标志,保证过路的安全性。

　　(2) 过街设施

　　慢行系统与一般市政道路平面交叉时,应设置交通"斑马线",综合采
取隔离设施、交通信号灯、限速设施等进行解决。

　　① 隔离设施

　　设置绿化带或护栏等隔离设施引导行人和自行车通过交通斑马线通
行,最大限度地减少与城市交通的交叉干扰。

　　② 交通信号灯

　　遵循《道路交通信号灯设置与安装规范》(GB 14886—2006)的相关
规定,合理设置交通信号灯、道路交通标志、道路交通标线、交通技术监控
设备等设施。

　　有需要的地方可设置盲人过街声响提示器。

　　③ 限速设施

　　须在停车线前 30～50 m 设置限速标志、注意行人和人行道预告的标
识,在交通斑马线两侧提前设置减速带,限制机动车车速。

　　(3) 节点设施

　　① 驻足区

　　滨河慢行廊道在景色优美的地段,可适当设置若干驻足区,让游人停
留、休憩和观赏滨水景观。驻足区可与租赁点等服务设施相结合,为游人

提供休憩空间和设施。

驻足区面积可大可小,滨河设置或结合商业景点设置,周边景观应有可观赏性,注意植物造景,尤其是在滨水区域,可结合特色水生植物造景。

② 交叉口

临近过桥通道或道路交叉口 200 m 以内,要设置标识提醒,自行车减速慢行,合理引导车流和人流过桥。

交叉口是较大的人流聚集区,也是游人进入滨河慢行的主要出入口,景观上要进行重点设计,突出滨河景观特色,同时注意交通引导,注意人车分流,保证安全性。

③ 慢行桥与驻足空间

为了更好地连接慢行道,保证慢行系统的连通性,在长沟河支流设置能够满足人行与自行车通行的景观桥,同时结合滨水空间节点形成绿地节点空间。

(4) 服务设施

①一级租赁站——综合服务站

综合的大型服务站点一般与大型轨道站点或 BRT 大型公共交通站点相邻,提供综合服务业务,面积较大,功能完备。

A. 布局要求:每 1.5~2 km 设置一处。

B. 规模要求:一级驿站占地面积不少于 500 ㎡或具备 50 人以上的接待能力。

C. 主要设施:滨河慢行廊道管理及游客服务中心(面积不限)、公共停车场及自行车停车场(10 辆机动车停放、40 辆自行车停放)、自行车租赁与维修点、餐饮(售货)点、医疗点、厕所、治安报警点、消防点、信息咨询亭等。

② 二级租赁站

与公交、小区、休闲设施结合,占地面积较小,主要功能为自行车的租赁,多以简洁的自助形式。

A. 布局要求:城市核心区内,宜每 400~600 m 设置一处。城市核心区外,距离适当放大,每 800~1 000 m 设置一处,并优先在滨河的节点区域内进行设置。

B. 规模要求:占地面积约 100~300 ㎡,或者具备同时接待 30 人以上的能力。

C. 主要设施:自行车租赁点、自行车停车场与维修点、厕所、小卖部、信息咨询亭、治安点、消防点等。

③ 租赁点布局

长沟河东西两侧租赁点均匀布局,全程一级租赁点共 5 处,二级租赁点共 6 处。

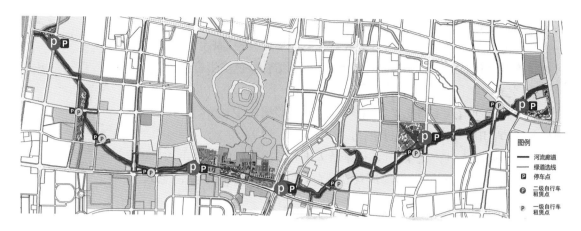

图 4-11 租赁站布局图

一级租赁点：在南北两段慢行系统的起始点与结尾处各设一处，分别在聚湖公园南侧入口处、长虹路与武宜路交叉口处、武宜路公交中心处、武南河与长沟河交会节点处。长沟公园作为未来人流量较大的重要节点，在入口处设一级租赁点。

二级租赁点：南北两端慢行系统分别各设 3 处二级租赁点，并保证道路周边有公共交通接驳（图 4-11）。

（七）慢行环境控制

（1）与城市道路交通的接驳

① 换乘

通过设置交通换乘点，提供机动车停放、自行车租赁、加气、维修等服务，实现慢行通道与城市交通网络的有机连接。换乘点应设置在慢行道经过城际轨道交通站点、城市公交停靠站、地铁站点的路段，或者与主要交通道路连接处。

② 共线

为保障使用者安全，确保慢行廊道的连续性和完整性，借用城市道路的非机动车道、人行道来承担慢行系统连通功能。尤其是在过街、穿越已建成居住区的路段。

（2）盲道与无障碍环境

应参照《城市道路和建筑物无障碍设计规范》（JGJ 50—2001）等相关规范要求，合理设置。

4.5.2.2 两岸建筑控制引导

（1）建筑类别划分

根据长沟河两岸现有的建筑种类以及可能规划设计的建筑类型进行分类，主要分为居住建筑、行政办公建筑、教育科研建筑以及商业建筑等四种类型。

（2）建筑高度控制

沿河两侧建筑应与河道的长度、宽度相协调，保持良好的比例关系，建筑物后退河道蓝线距离为25 m，围墙后退河道蓝线距离为20 m。滨水区一般一类居住建筑高度控制在10 m以下，二类居住高度以10～18 m为主，住宅建筑容积率不能大于4.0。行政办公建筑、教育科研建筑以及商业建筑的高度与岸线的距离控制在1∶1的范围，一般控制在25 m范围内，建筑高度应避免对河道景观产生郁闭感。

（3）建筑外墙装饰效果引导

长沟河两岸建筑种类繁多，建筑外墙应根据不同建筑类型装饰风格尽量保持协调、统一，并且与长沟河两岸的整体景观规划保持一致，避免出现对比悬殊的装饰效果，体现人性化，满足人们的审美情趣，创造和谐的建筑景观效果。因此，需满足协调统一、生态可持续、人性化三个原则。

（4）建筑外墙颜色控制

建筑外墙的颜色可根据不同的需求搭配，一般配色方法有同一色、类似色、对比色、互补色等。以下是一些色彩搭配的实例，以供参考（图4-12）。

① 同一色 SKS5-021 SKS5-034 SKS5-041

使用同一色系中不同深浅的颜色配合，达到舒适柔和的效果。同一色是最基本及常用的配色系统。

② 类似色 SKS6-001 SKS6-014 SKS6-003

使用不同色系但深浅相若的颜色，该配色法充满活力，可营造出活泼、热烈的效果。

③ 对比色 SKS5-030 SKS5-023 SKS5-039

使用不同色系、不同深浅的色彩，营造出强烈的视觉效果。

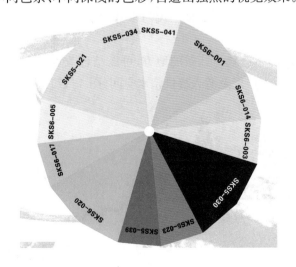

图4-12　色卡示意图

④ 互补色 SKS6-020SKS6-017SKS6-005

使用近似色系中不同深浅的色调，营造轻松、惬意的效果。

（5）建筑外墙材料控制

长沟河两岸建筑外墙材料的风格与长沟河整体景观相协调，主要以满足周边居民的审美需求为主，可选用玻璃、墙面漆、墙面砖、木材、钢结构等材料。材料选用在满足需求的情况下尽量遵循经济、环保的原则，局部可对材料进行废物利用、二次更新使用。

（6）围墙设置控制

大、中型公共建筑，如体育设施、影剧院、旅游宾馆、图书馆等对社会公众开放的建筑，如需与长沟河慢行道结合的，应以花台、绿化带等建筑小品作为用地边界的隔离带或隔离墙。沿建设用地边界修建围墙的，其围墙形式应为透空型围墙，围墙高度不应超过 1.6 m，且应后退道路红线不少于 1.5 m。

4.5.2.3　驳岸规划设计控制引导

（一）驳岸类别

（1）在坡度较大、水流流速较快而且水位变化较大的地段，采用台阶式人工自然驳岸，可允许在一定的情况淹没一定的区域，通过植物将水生和陆生植物联系起来成为一个水陆交错带的生态整体（图 4-13）。

（2）在水岸景观较好的地段采用自然型驳岸，并考虑游人的亲水性，设置供游人参观的观景平台和栈道（图 4-14）。

（3）在坡度较小、腹地很大、水流流速较慢的地段采用自然原型驳岸，充分利用植物根系的附着牢固作用，体现自然生态的气息（图 4-15）。

（4）在河道水流速度较快而且防洪护堤重要地段，依然采用的是立式人工驳岸，满足其安全稳定性的基本要求，但采用的是天然石材、多空渗透性混凝土等新材料以保证河流与岸基的水、气交换及生物的附着等功能（图 4-16）。

（5）在局部河道较为开敞的地方，可以结合节点，设置台阶式驳岸，配以亲水平台，为市民及游人提供亲水空间（图 4-17）。

图 4-13　台阶式人工自然驳岸断面效果示意图

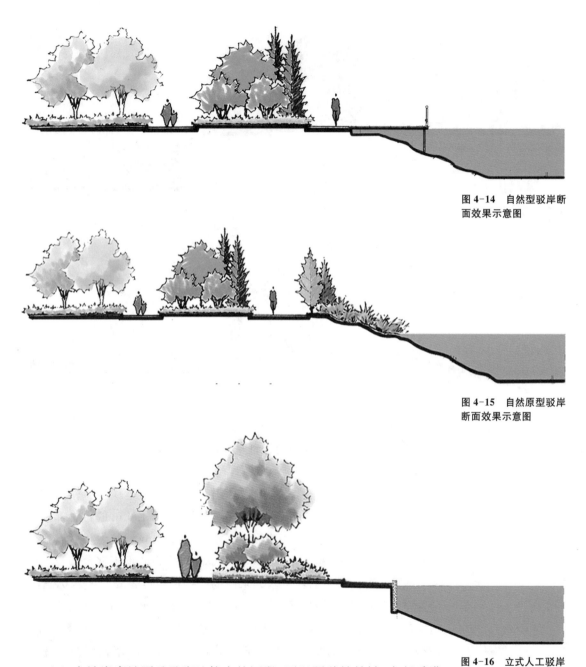

图 4-14　自然型驳岸断面效果示意图

图 4-15　自然原型驳岸断面效果示意图

图 4-16　立式人工驳岸断面效果示意图

（6）在坡岸腐蚀严重及腹地较小的河段，可以既种植植被，实行乔灌草相结合，又采用天然材料护底，运用钢筋混凝土、石块等材料，营造良好的生态景观（图 4-18）。

（二）驳岸生态性要求

（1）材质

在长沟河的驳岸设计上，自然式驳岸尽量保持自然状态，避免使用人工材料，适当用软石、块石相结合。

图 4-17　台阶式驳岸断
面效果示意图

图 4-18　天然植物生态
驳岸断面效果示意图

　　规则式驳岸在满足设计、施工的要求上尽可能少用人工型的材料或者选用生态环保材料,同时要保证选用材料避免对环境产生污染。

　　(2) 安全性

　　根据《公园设计规范》,各种游人集中场所容易发生跌落、淹溺等人身事故的地段应设置安全防护性护栏。侧方高差大于 1.0 m 的台阶,设护栏设施;凡游人正常活动范围边缘临空高差大于 1.0 m 处,均设护栏设施,其高度应大于 1.05 m;高差较大处可适当提高护栏高度,但不宜大于 1.2 m。

　　地形险要的慢行道或者紧邻水岸的慢行道应设置安全警示标志,并设置安全防护设施(护栏或防护绿带),以保证游人的安全。安全护栏设施的高度不宜低于 1.05 m,在竖向高差较大处可适当提高,但不宜高于 1.2 m。防护绿带的宽度宜不小于 1.5 m,建议乔、灌、草相结合,以保证较好的防护效果。

4.5.2.4　绿化景观规划设计引导

　　长沟河两岸绿化景观风格以自然生态为主导,注重营建多层次的生态群落。绿化形式包括道路绿化、节点绿化和驳岸绿化等方面。

　　(一) 绿化功能要求

　　(1) 改善生态

　　科学规划水生植物、乔木、灌木和地被植物的栽植,充分发挥植物在改善生态方面的作用。多层次的绿化带不仅净化空气,过滤水体,降低面源污染,而且保护生物多样性,使河道景观更加生动优美。

(2)组织空间

绿化空间的组织要满足人们在绿地中活动时的感受和需求,做到封闭和开敞相结合。当人处于静止状态时,空间中封闭部分给人以隐蔽、宁静、安全的感受,便于休憩,开敞部分能增加人们交往的生活气息。当人在流动时,分割的空间可起到抑制视线的作用。通过绿化组织空间,创造舒适的空间尺度,丰富视觉景观,形成多层次的空间深度,获得步移景异的效果。

(3)美化环境

绿化将丰富的植物资源进行艺术性和科学性的组合,充分运用树木花草不同的形状、颜色和风格,配置出色彩丰富、层次分明的绿化景观,镶嵌在城市建筑群中,创造优美、清新、舒适的环境。

(二)绿化的形式要求

合理搭配各类乔木、灌木、地被和水生植物,以自然式绿化为主,局部可用绿篱围合空间,节点处可结合广场设计规则式树阵。建议沿慢行道和岸线布置花境,充分利用丰富的花卉和观赏草植物资源,突出武进"花都"特色。

(1)慢行系统绿化景观规划设计引导

慢行系统绿化整体风格清新简约,主要采用自然式绿化。根据慢行道的布局合理配置行道树和植物组团,有丰富的季相变化;滨水侧植物景观通透,营建透景线;引入花境,利用一、二年生的球根、宿根花卉和观赏草等植物资源,打造生态的、高品质的线形绿化景观,展现植物自然组合的群体美。

(2)节点绿化景观规划设计引导

节点绿化应结合不同绿地、公园的主题定位,在风格上各有侧重。绿化形式采用自然式和规则式相结合,既突出植物群落的生机与野趣,又展现人工设计的节奏与韵律。

(三)植物种类要求

(1)生态性

坚持植物生态效益优先的理念,追求自然实用。充分了解常州地区的生态环境条件,并根据不同的功能需求,本着适地适树、经济合理的原则对植物进行筛选。在生态功能方面,考虑植物的吸碳放氧、保持水土、降温增湿、遮阴防护等功能;在层次结构方面,采用乔、灌、草、藤相结合的方式,考虑植物生长对光照、水分的需求。

（2）安全性

选择无毒、无枝刺、无异味、无刺激的植物,尽量少植枝条脆弱或落果的树木,防止植株被风吹倒、枝条折断或果实坠落对人造成伤害。

（3）多样性

在因地制宜的原则下,避免单调和雷同,体现植物品种和习性的多样性,既做到景观的差异性,又具有生态的丰富性。

（4）地域性

考虑植物的生长习性和观赏习性,选择适合在常州地区生长的植物种类;考虑植物文化的地域特色,选择符合常州地区文化历史特征的植物种类。

（四）植物季相要求

植物群落的季相变化影响着人们的心理感应。在城市商业化日益浓厚的今天,人工的构造让人们渴望回归自然。通过对植物的色彩进行恰当的搭配,能够提升景观的观赏价值,美化城市空间。

长沟河两岸的绿化要充分利用植物季相特色,选择叶、花、果色彩丰富并随季节变化的植物种类。对常绿植物、落叶植物的数量比例提出建议,常绿与落叶植物数量比例一般为 3:4。

（五）乔灌比例要求

公园绿地中绿化层次丰富,以观赏性为主。一般而言,乔木体量大而数量少,灌木数量多,乔灌比例相对较小,参考值为 1:10～1:1。人群活动密集的林下空间以遮阴乔木为主,灌木较少,乔灌比例相对较大,参考值为 1:10～5:2。

慢行系统绿地既要重视观赏性,又要注重实用性,搭配要得当。要给人提供舒适的活动休息空间,也要照顾人的视觉享受及空间的安全性,因此提供郁闭空间的乔木相对较少,提供开放式空间的观赏性灌木相对较多,参考值在 1:1～1:3 之间。

（六）植物高度要求

（1）乔木

乔木高度应与其他植物搭配协调,过渡自然。不同乔木树种之间高度错落有致。

（2）绿篱

绿篱按高度可分为以下三种:矮篱(0.5 m 以下),主要用于围定园地和装饰;中篱(0.5～1.5 m),主要用于划分不同的空间,高度适宜;高篱(1.5 m 以上),主要用于屏障景物,形成封闭式的空间。

（3）花境

花境中的植物应注重层次分明。一般而言,单面观花境的背景植物应选择植株相对高大的;中层选择高度适中的,完成不同高度植物间的自然衔接和交叠;前景植物选择低矮、匍匐的。对于可四面观赏的花境而言,则应高的植物在中心,向外植株高度逐渐降低,取得最自然的观赏效果。

（4）草坪

草坪的高度控制在 3~5 cm。通常,当草坪草长到 6 cm 时就应该修剪。新播草坪一般在长到 7 cm 高时第一次修剪,以保证其松软、美观、富有弹性。

（5）观赏草

高度搭配与花境植物类似,要求层次分明,达到优良的观赏效果。

（七）植物密度要求

（1）乔木

乔木可采用孤植、对植、群植等方式,栽植疏密结合,但临水乔木栽植不宜过密,应保证水岸视线的通透性。

（2）灌木和地被

根据灌木和地被的不同规格,栽植密度也有差异,应从实际需求出发。规格大一些的,栽植密度适当小一些,反之则密度大一些。

（3）水生植物

水生植物种植主要为片植、块植与丛植,片植或块植一般都需要满种。水生植物的种植密度根据实际需要进行变通,但其总面积不能超过水面面积的三分之一。

（4）花境植物与观赏草

根据不同植物的枝叶形态合理栽植,疏密结合,既不大面积裸露土壤,又为植物生长留出足够的空间。

4.5.2.5 铺装规划设计引导

（一）铺装规划设计原则

（1）安全性原则

（2）舒适性原则

（3）生态性原则

（4）景观性原则

（5）地域性原则

（二）节点铺装规划设计引导

通过丰富的铺装花纹图案、材质和色彩来明确空间。宜使用中小尺度的铺装材料,亲切怡人,让人在空间中能感受到轻松和愉悦。铺装形式可以是抽象或具象的图案,精致细腻。

（1）节点铺装色彩引导

此次规划长沟河两岸铺装以灰白色系为主,局部广场处可有红黄等暖色出现,色彩上要注意与周围建筑相协调。

（2）节点铺装材料样式引导

铺装材料要根据场地具体活动的要求进行选择,使用以下几种铺装类型:砂地面、卵石地面、花岗岩、砖地面、嵌草混凝土或草皮砖、石材地面、仿木地面等。

另外,铺装应充分考虑现有的工程材料,如现场的红砖、黑瓦、青砖等,提取可用的材料、色彩等元素。尽可能地保留原场地的建筑废料进行再加工利用,突出生态可持续发展的同时,也保留了现状的元素,为人们展示记忆中的长沟河。

（三）绿道铺装规划设计引导

（1）综合考虑各方面因素,自行车铺装建议使用彩色沥青,利用颜色区别于其他性质的道路,其柔韧性较好,便于维护。

（2）人行步道根据环境需求铺装选择的范围可以适当放大,颜色以灰白色系为主,可以采用花岗岩、青石、透水砖等,在局部的滨水地段可采用木质材料,大面积木栈道铺装建议采用仿木材料,注意防滑和耐腐蚀。

4.5.2.6　照明控制引导

设计时应满足相关的照明设计规范、标准的要求,以安全、实用、经济、美观为设计的基本原则。优先采用高效、节能的照明灯具及光源。条件许可时,提倡采用太阳能、风能等清洁能源,并采用先进合理的控制方式,达到节约能源、保护环境的目的。

空间亮化分为重点亮化和普通亮化两种。

重点亮化区域主要为人流量较大、活动较多的区域,包括两侧商业建筑照明,以突出其轮廓和具体形象。节点景观的主要广场区域、重点景点和设施、公园主要流线和重点景观植被照明,以聚集人气,增加和丰富城市的夜生活。

普通亮化区域主要为人流量相对较少、活动较少的区域,包括慢行系统照明,但需设置足够的照明,以保证空间安全。

（1）铺装广场照明设计

照明设计遵循突出重点、兼顾一般的原则。首先根据广场的性质、总体空间布置和主要构筑物的功能及形式,确定广场的灯光布局结构和主要照明点、照明线。然后针对广场中不同的构景元素,采用景观灯、埋地灯、草坪灯等综合布置,完善灯光环境。

（2）构筑物照明设计

构筑物主要有亭、廊、花架、服务设施等。这些是园林绿地灯光环境的主要照明点,结合构筑物的形体特征及其周围环境进行照明设计。常采用轮廓照明方式,即用紧凑型节能灯、美耐灯等,勾勒构筑物的轮廓,然后用泛光灯照射构筑物主体墙面或柱身,并使光线由下向上或由上向下呈现强弱变化,以展现构筑物的造型美,强调构筑物本身的色彩和质感。

（3）雕塑、园林小品灯光设计

照明设计应从其神态、造型、材质、色彩以及周围的环境出发,挖掘雕塑及园林小品的艺术特质,用灯光的艺术表现力,创造光影适宜、立体感强、个性鲜明并有一定特色的夜景景观。一般用两处以上光源,可选用草坪灯、投光灯、埋地灯等,用光角度根据雕塑及园林小品的观赏面,主光和配光相互配合,照明点前后错落、上下结合,体现雕塑及园林小品的神态和造型。同时根据雕塑及园林小品所要表达的意境,选择不同光色的光源,渲染艺术氛围。

（4）植物景观照明设计

植物是园林绿地中主要的景观元素,常用的照明方式有泛光照明和饰景照明。照明设计根据乔、灌、草等不同的植物材料及种植方式,可选择投光灯、埋地灯、草坪灯等综合渲染。绿化照明应与植物几何形态和颜色相协调,不宜用光源去改变植物原来的颜色,以能更好地体现植物的色彩感为原则,光源常选用使树木绿色更鲜艳夺目的汞灯。

（5）慢行照明设计

慢行系统照明设计可采用路灯或庭院灯,照明侧重点可选择在路面或路边行道树、草地,造成不同的空间感觉。可结合草坪照明或沿路缘布置光带,体现园路的导向性。灯具可选用美耐灯、LED 光源等。禁止使用强光源及高杆照明,必须严格控制投射角度,符合人行尺度,减少刺眼眩光。阶梯、坡道应设照明,并与建筑小品有机结合。人行道照明灯高度不宜大于 3 m,休息区域柱杆等高度宜在 1.5~2.5 m。

（6）水景照明设计

水景大致可分为静水和动水两大类。可综合使用护栏管、灯带、喷泉灯、水晶灯、景观灯等。静水照明设计,一般是结合水上的桥、亭、榭、水生植物、游船等照明,利用水的镜面作用,观赏景物在水中形成的倒影。动水则结合水景的动势,运用灯光的表现力来强调水体的喷、落、溅、流等动态造型。灯具位置常放置于水下,通过照亮水体的波纹、水花等,来体现水的动势。

4.5.2.7　标识系统规划设计引导

标识标牌是一种信息传达媒体。标识系统通过标识牌上面的文字、图案等内容起到标记和指示等作用。标牌主要是通过视觉来表现它的作用,比如文字或符号。文字直接传达,符号具有象征性、方向性、暗示性等功能。标识标牌是一种信息传达媒体。滨河绿带中的标识系统主要承担如下功能：

引导——让行人把握目的地与现处位置之间的关系。

解说——进行讲解和说明。

指示——表示目的地的方向、距离等。

命名——标示地名、道路名、景点名、建筑名等名称。

警示——表示禁止或警告。

（一）慢行道标识系统引导

（1）标识标牌的风格

滨河慢行系统标识标牌风格定位为自然质朴，建议选用具有亲和力的环保绿为标准色，传递出滨河绿化带生态环保、绿色自然的特点。

（2）标识标牌的分级分类

按照功能的不同将滨河绿化带中的标识系统分为引导标识、解说标识、指示标识、命名标识、警示标识五大类。

① 引导标识

引导标识通过特定区域的整体图示（地图、图表等）让行人把握目的地与现处位置之间的关系，包括信息墙和标距柱等标识。设置位置在绿化带出入口或附近。

租赁站设立在绿化带与城市道路交叉口及绿化带中慢行道主线与支线的接驳处。

在慢行系统沿线路段上，引导标识的设置建议以 3～5 km 为间距设置，具体设置与否视需要而定。而标距柱用于标识距离，每 500 m 设置一个，设于滨河两侧慢行道中。

② 解说标识

解说标识以信息条标牌通过文字或辅助以照片、图形等形式进行讲解和说明。

A. 管理说明标识

提示滨河绿化带所执行的国家有关自然环境保护、动植物保护、文物保护等法律规章，以及相应的区域，明确受法律规章约束的行为。设置位置依据绿化带慢行沿线，按照需要设置。如还有其他类型和功能的信息提示牌（如"请勿践踏小草""爱护公物""请沿栈道行走等"），各地方因地制宜，酌情设计。

B. 景观介绍标识

绿化带慢行沿线风景名胜、景观节点和历史文化、风俗民情知识介绍，提供教育科普与文化宣传等作用。可结合各景观节点已有标牌设置，但须明显突出。设置位置在绿化带慢行沿线遗址遗迹景点内的节点及出入口，或文化街区的慢行沿线（图4-19）。

图 4-19　引导标识、管理标识、景观介绍标识设施示意图

③ 指示标识

滨河慢行系统指示标识包括慢行道标识、租赁站指示标识、导向性指示标识、服务设施指示标识。

A. 指示慢行道出入口的方向、位置和距离的标识。需要在距离滨河慢行道出入口前 500 m 提前设置。

B. 租赁站指示标识，距离租赁站入口前 200～500 m 提前设置。内容应指示自行车租赁站的方向、位置和距离。

C. 导向性指示标识，距离重点指示的信息源（目的地）200～500 m 提前设置，具体设置间距视情况而定。内容应指明道路、设施、景点建筑及目的地的方向、距离等。采用文字与箭头或图形结合的表现方式。

④ 命名标识

命名标识用于标示地名、道路名、景点名、建筑名等名称。

A. 慢行道及租赁站，应在慢行道及租赁站出入口设置。

B. 服务设施

停车场、出入口、游客中心、商业设施、酒店住宿、厕所、交通换乘点、餐饮点、电话亭、邮筒、医务室等场所标识，须使用标志用公共信息图形符号。标识内容载体为服务设施建筑物或构筑物墙面。

⑤ 警示标识

警示标识用于标明可能存在的危险及其程度。

A. 禁止

表示为禁止车辆、止步等标识牌。需要考虑远距离（大于 5 m）信息提示的禁止标识用信息条做载体。在绿道沿线视需要设置。

B. 安全

包括安全警示、友情提示、公益建议牌等以及安全须知牌。须明示可能发生危险的地带、已采取的防护措施、需要使用者注意的事项。需考虑远距离（大于 5 m）信息提示的安全警示性标识用信息条做载体。设置位置为绿道沿线视需要设置（图 4-20）。

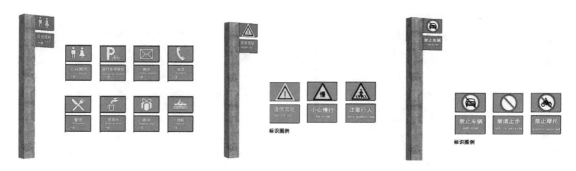

图 4-20　指示标识、警示标识设施示意图

（3）标识标牌的分布

① 滨河绿化带中的标识系统采用线性分布，可以沿路进行排列，设置数量相对较少。

② 标识布点视场地需要和现有标牌分布情况灵活布置，但同类标识标牌设置间距通常不应大于 500 m。

③ 同一地点需设两种以上标识时，可合并安装在一根标志柱上，但最多不应超过四种，标志内容不应矛盾、重复。

④ 部分命名和解说标牌可与已有同类标牌整合布置，但需显见突出。

（4）高度和视距建议

① 高度

根据对人体工程学等相关科学的研究，行人用标识系统以人的水平视线（高度约 1.5 m）为标准，合理视觉距离（1～5 m）与合理视角（15°）为参数。因此，标识系统信息登载位置不应该超过人的视觉舒适范围，垂直高度约在 1～4 m。

② 视距

根据人体工程学的有效视觉距离来合理规定信息（文字、图形）的大小和张挂形态，使其容易辨认且简明易懂。同时，设计兼顾行人的中距离与近距离相结合的阅读方式。

（5）材料建议

① 各类标识牌必须参照导则的要求清晰、简洁地设置，从而实现对使用者的指引功能。

② 各区段标识要在统一规格的基础上，结合已有标识及本地自然历史、文化和民俗风情等进行设置，应能明显区别于道路交通及其他标识。

③ 制作标识牌所采用的材料讲究生态性、可持续性、低造价和易维护，应体现环保和节约的精神。

（二）公园节点标识系统规划引导

（1）公园节点标识标牌的风格

公园节点风格、标识标牌风格根据公园自身景观风格而定，如儿童公园标识标牌色彩亮丽、灵动活泼,淹城段公园标识标牌稳重大气、典雅有致,晓柳公园、聚湖公园等标识标牌简约时尚。

（2）公园节点标识标牌的分布

公园节点标识标牌采用点状分布,点状分布一般用于城市的公园绿地中。

标识布点视场地需要灵活布置,但同类标识标牌设置间距通常不应大于 500 m。同地点需设两种以上标识时,可合并安装在一根标志柱上,但最多不应超过四种,标志内容不应矛盾、重复。

4.5.2.8　服务设施与景观小品规划设计引导

（一）服务设施规划设计引导

长沟河两岸景观规划中所涉及的服务设施由游览设施服务点和管理设施服务点两部分组成。游览设施服务点主要为人们提供便民服务,管理设施服务点主要提供日常管理服务。

游览设施服务点包括停车场、公共厕所、小卖部、室外茶座等。管理设施服务点包括治安点、消防点等。

规划设计要点如下:

（1）结合常州城市总体规划、市政设施规划、防灾避险规划、土地利用规划等专项规划成果,按照城市绿道网的密度,合理配置服务点。

（2）布局应采用相对集中与适当分散相结合的原则,以人为本,方便人们使用,利于发挥设施效益,便于经营管理与减少干扰。

（3）充分利用地区现有的各种现状资源和设施。

（4）应有利于保护景观,方便旅游观光,为人们提供畅通、便捷、安全、舒适、经济的服务条件。

（5）满足不同文化层次、职业类型、年龄结构和消费层次人们的需要。

（6）服务设施基本设置在节点和慢行道两侧,节点处的部分生态敏感区内不得设置集中的服务设施。

（7）各项服务系统设施应靠近交通便捷的地区,严禁在有碍景观和影响环境质量的地段设置。

（二）景观小品规划设计引导

设计元素的提取——"花都水城"的城市特色与工业文明的历史印迹。

沿河两岸现有的颓废而不失唯美的物件,比如金属排屋架构造、工业机械零件等,其带来的空间自由度、可变性和多功能,是超越时代永存的东西。在用推土机把一切夷为平地之前,提取出具有景观价值并且充满历史印记的符号和材料,在新景观中予以利用,使得人们能够看到这块土地上原有的印记。

整个慢行系统沿线设置一定数量的垃圾桶、饮水处、座椅等景观小

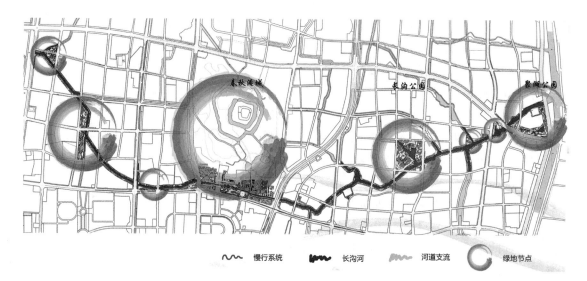

慢行系统   长沟河   河道支流   绿地节点

图 4-21 节点布局图品,租赁站服务点、广场等行人驻足区可设置雕塑、景墙等景观小品,形成视觉焦点,起到点景作用。服务设施与景观小品风格应与滨河绿化带整体风格相协调,同时结合周边不同用地性质完善细部设计。

4.5.3 节点规划

4.5.3.1 节点构成

通过对长沟河两侧现状用地和规划用地进行深度分析,结合现场调研和实地勘察,确定出此次规划的 8 个节点。

4.5.3.2 节点布局

此次规划的 8 个节点通过慢行系统和滨河绿地串联在一起,形成功能完备的滨河生活型河道。节点多位于河道交叉口和水面相对开敞的地方,包括聚湖公园、长沟公园、晓柳公园等上位规划公园(图 4-21)。

4.5.3.3 布局特征

(1) 线性空间

景观节点应以有序的链状结构排列(大型公园除外),局部可以放宽,但还是以线性空间为主。有序的组织空间节点对居民及游客产生积极的引导作用。

(2) 结构简洁

长轴方向以简单序列的平面组合结构为主。短轴方向由各个节点的宽度和规模决定。

(3) 内外空间结合紧密

各个节点应该有较强的开放性,不但对周围居民免费开放,而且其内部空间与周围外部空间结合更加紧密。

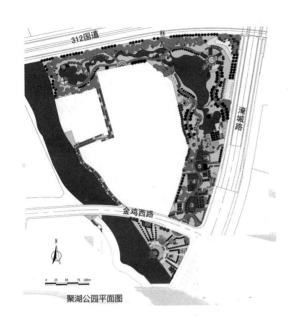

聚湖公园平面图

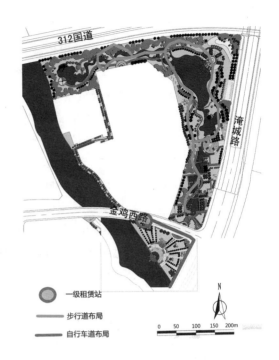

● 一级租赁站

▬ 步行道布局

▬ 自行车道布局

图 4-22 聚湖公园平面图

（4）景观节点的连续性

保证景观节点连续地出现在长沟河两岸，体现整体的风格。通过各种手法的运用，形成连续的视觉景观。

4.5.3.4 节点景观规划设计引导

（一）聚湖公园

（1）规划范围

本区段北起 312 国道，南至淹城路与长沟河交会处，规划为聚湖公园。

（2）主题定位：主题水景园——夏之灵

聚湖公园规划的建设将打造一个都市特色主体水景园，风格自然现代、时尚。将工程设计、生态和居住环境以完美的方式融合在一起，打造一个集独特景观和水务管理于一体的高质量城市公园。应用多种水景设计手法，全方位展现水体形态，彰显水景园特色。结合亲水活动，主打夏季景观，营造一片清新的绿色空间，为环保、教育、休闲等项目创造绝佳场地。

聚湖公园以生态设计为主导，结合其现状条件，营造出各种水景景观，为民众的健身、教育、休闲提供一个自然清新的浪漫空间（图 4-22）。

（3）慢行系统规划

聚湖公园是长沟河滨河绿化带的北端点，也是滨河慢行系统的北端起止点。公园内部布置自行车道，自行车道以公园南部与城市道路交会处的租赁站为起点向南延伸。设一级自行车租赁点，可停靠 40 辆自行车。

（4）驳岸控制

主要运用驳岸类别 3（图 4-15），结合水生植物配置，营造生态湿地景观，展示自然质朴风貌。人群活动密集处可采用驳岸类别 4（图 4-16）或 5（图 4-17），既保证安全性，又满足人们亲水需求，为周边居民和游人创造安全、浪漫的滨水空间。

（5）绿化景观

展示植物自然生长状态，夏季植物景观作为主要打造对象。水生植物的配置是重点，根据水位，分层种植不同程度耐水湿的植物，形成人工湿地，净化、美化水环境。慢行道两侧可栽植适量枝叶繁茂型乔木，以达到遮阴效果。节点空间中，配合湿地景观，片植各类观赏草，增添自然气息。将花境引入滨河绿地景观中，利用一、二年生的球根、宿根花卉和观赏草等植物资源，展现出植物自然组合的群体美，打造生态的高品质的线形绿化景观。

（6）铺装设计

铺装色彩应素雅、明快，以灰白色系为主，局部广场铺装采用暖色系铺装，有所变化，增加视觉效果。宜使用中小尺度的铺装材料，亲切怡人，让人在空间中能感受到轻松和愉悦。铺装形式可以是抽象或具象的图案，精致细腻。推荐的材料有花岗岩、陶瓷砖、小砾石、卵石、砂岩等。

人行步道可用防腐木、青石、透水砖等。湿地人行栈道采用仿木栈道，力求与周围环境相协调，尽量降低对湿地生态的干扰。

（7）照明设计

本着低影响开发的原则，考虑对公园内水生生态系统的保护，以夜间安全照明为主，尽可能减少对动植物生长的影响。铺装广场、构筑物、景观小品及水景作为重点，在保证安全照明的基础上，注重多样性和趣味性，灯具可采用景观灯、埋地灯、草坪灯、投光灯、护栏管、灯带、喷泉灯等。慢行系统、地形、植物景观等为普通照明对象，照明形式不宜过于复杂，灯具可采用路灯、埋地灯、投光灯、草坪灯等，灯具设置的高度和距离必须保证行人行车安全。路灯灯具外观宜选用深色系，样式以圆柱形为主，各路段风格相对统一；草坪灯灯具外观以冷色为主，样式活泼；景观灯灯具应外观色彩明快，造型别致。

（8）服务设施与景观小品

沿园路设置坐凳，密度应考虑游人的数量，形式可以是坐凳或是结合花坛、树池、挡墙设计的座椅，采用环保、易清洁、耐用的材料，优先选用石材、混凝土、木材等，木材应作防腐、防虫处理。设置一定数量的垃圾桶、饮水点等。小卖部、厕所、茶座等设计宜现代简约，与公园整体风格统一，色彩清新淡雅,与周围环境相协调。公园内可设置景观小品,形式以雕塑、景墙、亭廊为主,风格应与水景园主题相契合,时尚简约。材质以节约、环保为原则,视使用环境需要具体选择。

(9)标识系统

设置信息墙、标距柱、景观介绍标识、租赁站指示标识、导向性指示标识、服务设施指示标识、服务设施标识、禁止标识和安全警示标识,标识标牌风格定位为自然质朴,传递出滨河绿化带生态环保、绿色自然的特点,标识文字、图片要求明确清晰。

(二)淹城路—聚湖路段绿地节点

(1)规划范围

淹城路、聚湖路与长沟河围成的三角区域。

(2)主题定位:水之秀

该节点延续聚湖公园水景园的主题,以水为主,沿河岸营建净水、亲水、嬉水的生态场所,成为一个集中而富有特色的亲水空间(图4-23)。

(3)慢行系统规划

由于此段可能有较多的亲水活动空间,建议自行车道沿节点的外侧通过,避免产生交通问题,同时保证该区域绿道的连续性。外侧地形平缓,高差变化不明显,采用单功能慢行道,其中自行车道宽度5 m,游步道结合节点内部交通布置,宽度2 m。此节点作为西岸慢行系统的起点,设立一个二级自行车租赁点。

图4-23 淹城路—聚湖路段绿地节点平面图

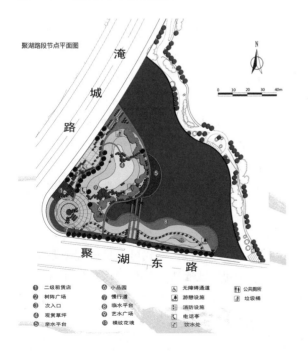

聚湖路段节点平面图

① 二级租赁点　⑥ 小品园　　🛗 无障碍通道　🚻 公共厕所
② 树阵广场　　⑦ 慢行道　　⚡ 游憩设施　　🗑 垃圾桶
③ 次入口　　　⑧ 临水平台　　🔥 消防设施
④ 观赏草坪　　⑨ 艺术广场　　☎ 电话亭
⑤ 亲水平台　　⑩ 模纹花境　　💧 饮水处

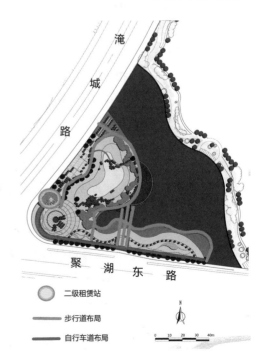

⬤ 二级租赁站

━━ 步行道布局

━━ 自行车道布局

（4）驳岸控制

由于设立较多的滨水活动空间,所以此节点以硬质驳岸为主。部分区段可采用台阶式分层处理,结合适量的植物配置,形成有活力的游憩空间。以驳岸类别2(图4-14)和驳岸类别5(图4-17)为主。

（5）绿化景观

以展示植物自然生长状态为主,考虑四季景观,配置适量的观花植物和色叶树种,创造色彩斑斓、香形各异、生态效果优良、富于季相变化的常州景观。根据水位变化,分层种植不同程度耐水湿的植物,通过植物净化水质。将花境引入滨河绿地景观中,利用一、二年生的球根、宿根花卉和观赏草等植物资源,展现出植物自然组合的群体美,配合地形设计和驳岸设计,增加观赏草、花卉以及部分高大乔木。

（6）铺装设计

铺装色彩素雅、明快,以灰白色系为主,给人以优雅、沉稳的感觉,使环境显得更为宁静,局部广场铺装采用暖色系铺装,有所变化,增加视觉效果。推荐材料有花岗岩、卵石地面、片石、砖地面、砂岩、仿木地面等。自行车道铺装采用红色沥青,人行步道可用防腐木、青石、透水砖等,滨水人行栈道采用仿木材料,力求与周围环境相协调。

（7）照明设计

保证园路照明和构筑物照明,局部配合景观小品照明和水景照明,铺装广场等小型游憩空间等作为重点亮化对象,尤其是滨水空间,结合驳岸,展示高品质的滨河景观。

铺装广场、构筑物、水景、景观小品等为重点亮化对象,在保证安全照明的基础上,注重多样性和趣味性,灯具可采用景观灯、埋地灯、草坪灯、投光灯等。慢行系统、地形、植物景观等为普通照明对象,照明形式不宜过于复杂,灯具可采用路灯、埋地灯、投光灯、草坪灯等,灯具设置的高度和距离必须保证行人行车安全。路灯灯具外观宜选用深色系,样式以圆柱形为主,各路段风格相对统一;草坪灯灯具外观以冷色为主,样式活泼;景观灯灯具应外观色彩明快,造型别致。

照明设施主要为LED灯,节能环保,灯光色彩柔和,带给人们舒适的视觉感受。

（8）服务设施与景观小品

沿园路设置坐凳,密度应考虑游人的数量,形式可以是坐凳或是结合花坛、树池、挡墙设计的座椅,采用环保、易清洁、耐用的材料,优先选用石材、混凝土、木材等,木材应作防腐、防虫处理。设置一定数量的垃圾桶、饮水点等。小卖部、厕所、茶座等设计风格宜现代简约,与公园整体风格统一,色彩清新淡雅,与周围环境相协调。公园内可设置景观小品,形式以雕塑、景墙、亭廊为主，以自然浪漫为主题，整体造型现代简约，细部设计精美别致。材质以节约、环保为原则，优先选用石材、不锈钢材等，视使用环境需要具体选择。

（9）标识系统

设置信息墙、标距柱、景观介绍标识、慢行道指示标识、租赁站指示标识、导向性指示标识、服务设施指示标识、服务设施标识、禁止标识和安全警示标识，标识标牌风格定位为自然质朴，选用具有亲和力的环保绿为标准色，传递出滨河绿化带生态环保、绿色自然的特点，标识文字、图片要求明确清晰。

（三）聚湖路—双塘路段节点

（1）规划范围

本节点位于大通河与长沟河交叉口的西侧。

（2）主题定位：林之趣

以各类玉兰为特色景观，为居民和游客提供一处观赏玉兰的胜地。可在此开展"爱心牌"活动，市民认养玉兰，创造更多的人与自然亲密接触、情感交流的机会，感受自然之美，增添生活情趣。

以不同品种的玉兰作为植物景观主题，搭配其他色彩、形态多样的植物，用最富有生命力的植物赋予空间活力（图4-24）。

图4-24 聚湖路—双塘路段节点平面图

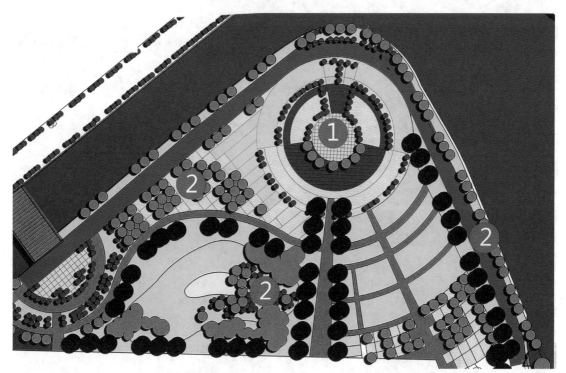

（3）慢行系统规划

综合考虑交通因素，自行车道滨水设置，可以结合部分亲水平台，宽5 m，游步道结合节点内部交通布置，宽2 m，同时保证该区域绿道的连续性。此节点不设乘车点(图4-25)。

（4）驳岸控制

此节点驳岸设计以自然生态驳岸为主，配合植物配置，采用耐水湿的观赏草类，展示自然质朴风貌。以驳岸类别1(图4-13)和驳岸类别3(图4-15)为主。

（5）绿化景观

以各类樱花为主，考虑四季景观，配置适量其他种类观花植物和色叶树种，创造色彩斑斓、香形各异、生态效果优良、富于季相变化的植物景观。根据水位变化，沿河分层种植不同程度耐水湿的植物，通过植物净化水质。运用一、二年生球根、宿根花卉和观赏草等植物资源，组合成花境，展现出植物的群体美。

图4-25　聚湖路—双塘路段节点休憩空间、慢行道路效果图

（6）铺装设计

以色彩素雅的灰白色系铺装为基调，配以少量偏冷的色调做装饰，做

到稳定而不沉闷,营造宁静、清洁、安定的氛围。形式上尽量自然简洁,材料应遵循因地制宜的原则,利用卵石、自然片石等自然环境中常见的材料,结合草、灌木、小乔木等绿化植被,与周围环境相协调。

自行车道铺装采用红色沥青,人行步道可用防腐木、青石、透水砖等,力求与周围环境相协调。

(7) 照明设计

铺装广场、构筑物、水景、景观小品等为重点亮化对象,在保证安全照明的基础上,注重多样性和趣味性,灯具可采用景观灯、埋地灯、草坪灯、投光灯、护栏管、喷泉灯等。慢行系统、地形、植物景观等为普通照明对象,照明形式不宜过于复杂,灯具可采用路灯、埋地灯、投光灯、草坪灯等,灯具设置的高度和距离必须保证行人行车安全。路灯灯具外观宜选用深色系,样式以圆柱形为主,各路段风格相对统一;草坪灯灯具外观以冷色为主,样式活泼;景观灯灯具宜外观色彩明快,造型别致。

(8) 服务设施与景观小品

沿园路设置坐凳,密度应考虑游人的数量,形式可以是坐凳或是结合花坛、树池、挡墙设计的座椅,采用环保、易清洁、耐用的材料,优先选用石材、混凝土、木材等,木材应作防腐、防虫处理。设置一定数量的垃圾桶、饮水点等。小卖部、厕所、茶座等设计风格宜现代简约,与公园整体风格统一,色彩清新淡雅,与周围环境相协调。

公园内可设置景观小品,形式以雕塑、景墙、亭廊为主,以自然浪漫为主题,整体造型现代简约,细部设计精美别致。材质以节约、环保为原则,优先选用石材、不锈钢材等,视使用环境需要具体选择。

(9) 标识系统

设置信息墙、标距柱、景观介绍标识、租赁站指示标识、导向性指示标识、服务设施指示标识、服务设施标识、禁止标识和安全警示标识,标识标牌风格定位为自然质朴,选用具有亲和力的环保绿为标准色,传递出滨河绿化带生态环保、绿色自然的特点,标识文字、图片要求明确清晰。

(四) 长沟公园

(1) 规划范围

从人民西路与长沟河交叉口至古方路与长沟河叉口,规划为长沟公园部分。

(2) 主题定位:儿童公园——春之魅

充分考虑使用者儿童的特点,表现知识性、趣味性,景观要素丰富多样,考虑安全性,做好防护设施。同时以生态设计为主导,营造春天活泼多彩的景观风貌,植物景观主要表现春天绚丽多姿的色彩,吸引儿童的注意力,为儿童提供一个自然清新的浪漫空间。

　　以"多彩"作为设计关键词,创造生态、自然的环境,鼓励儿童更多地接触大自然,为他们创造一个缤纷活泼的游乐空间,让他们走进自然,与之对话,并从自然中引发儿童的创意灵感。溪水、山林、沙滩和配置变化丰富的绿化环境让儿童体会返璞归真的意义(图4-26)。

　　(3)慢行系统规划

　　① 慢行道选线

　　慢行道选线应与长沟公园内部交通及广场相协调,与公园公共空间密切联系,保证绿道的连通性。

　　② 慢行道断面形式

　　该段地形起伏较大,且规划范围较大,其断面形式提供以下两种参考

图4-26　长沟公园平面图

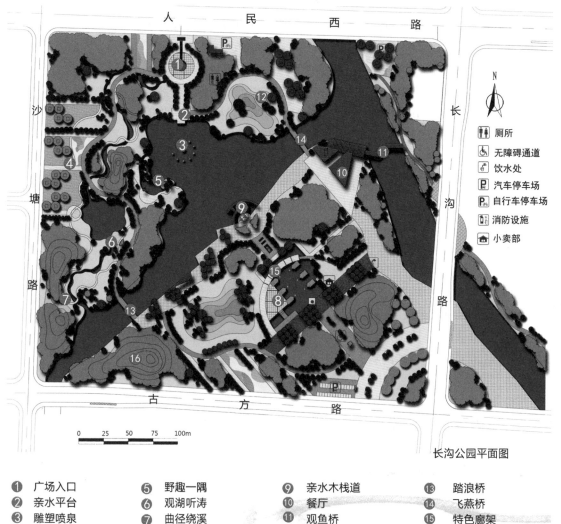

长沟公园平面图

①	广场入口	⑤	野趣一隅	⑨	亲水木栈道	⑬	踏浪桥
②	亲水平台	⑥	观湖听涛	⑩	餐厅	⑭	飞燕桥
③	雕塑喷泉	⑦	曲径绕溪	⑪	观鱼桥	⑮	特色廊架
④	广场次入口	⑧	音乐旱喷广场	⑫	阳光草坪	⑯	鸟语林

模式:尊重该段地形设计,尽量少影响其生态功能的发挥,选用标准断面 4,自行车道沿河分布,宽度为 5 m,游步道宽度为 2 m;在地形条件达不到上面条件的情况下,选用标准断面 3,自行车道和人行道合并,宽度为6 m。地势较低的地方可设置常水位条件下的游步道,洪水来临时可能会被淹没,常水位时可以缓冲综合慢行道人流和车流的冲突。

③ 租赁站

结合附近环境和公交车站分布情况,长沟公园周边设立一个一级自行车租赁站,规模可容纳 40 辆自行车。

(4)驳岸控制

此段驳岸设计以体现自然浪漫为主,结合地形处理,重点营造自然植物景观。以驳岸类别 3(图 4-15)为主。局部滨水活动区域采用驳岸类别 2(图 4-14)和驳岸类别 4(图 4-16)。

(5)绿化景观

以绿化分隔活动空间,选用叶、花、果形状奇特、色彩鲜艳的能吸引儿童注意力的植物,如白玉兰、石榴等。乔木选高大浓荫的树种,分支点不宜低于 1.8 m。禁用有毒、有刺、有飞絮、刺激性和容易过敏的植物,如夹竹桃、漆树、悬铃木等。同时注重植物景观的营造,以展示植物自然生长状态为主。根据水位变化,分层种植不同程度耐水湿的植物,通过植物净化水质。配合地形设计,增加观赏草和花卉以及部分高大乔木。采用乔木、灌木、草坪、花卉结合的方式,创造色彩斑斓、香形各异、生态效果优良、富于季相变化的景观。

(6)铺装设计

儿童游戏场铺装需要注意一定的安全性,色彩采用纯度高、明度高的颜色,鲜艳的色彩能表现出空间的欢快情绪;平面构型丰富活泼,多采用点、曲线等易于识别且富有动感的符号;尺度不宜大,与孩子自身的尺度可以相互协调;材料必须选用安全性好、硬度低、弹性好、抗滑性好的铺装材料,例如塑胶场地、沙地、人工草地等。

自行车道铺装采用红色沥青,人行步道可用防腐木、青石、透水砖等,滨水人行栈道采用仿木材料,力求与周围环境相协调。

(五)长虹中路—延政西路段绿地节点(已建)

(1)节点绿地位置

位于长虹中路至延政西路段长沟河东西两侧,在春秋淹城景区范围内,土地已出让,且为已建好地段,绿地节点面积较大,影响力较大(图 4-27)。

(2)节点绿地主题

节点绿地主题为春秋文化,与春秋淹城景区一致。

图 4-27　长虹中路—延
政西路段绿地节点（已
建）平面图

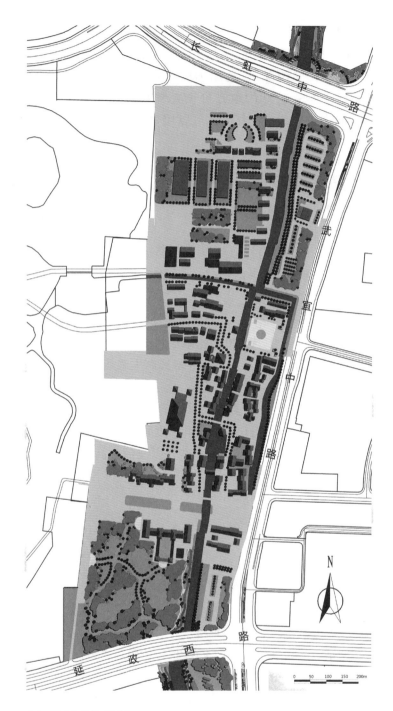

（3）慢行系统规划

因为此地块为已建成地块，并不增设自行车道。

（4）驳岸控制

此节点绿地驳岸现状为浆砌块石驳岸，驳岸规划尊重设计现状

（图 4-28）。

（5）绿化景观

此节点绿化现状较好，植被较为丰富，规划尊重设计现状（图4-28）。

（6）铺装设计

尊重原有铺装设计，体现春秋淹城文化。

（7）照明设计

此节点照明较为重要，夜间人流量较大，灯具具有淹城春秋文化色彩，尊重设计现状。

（8）服务设施与景观小品

此绿地节点因属景区一部分，有较多的茶室和餐厅，规划尊重设计现状。

（9）标识系统

增设信息墙、标距柱、服务设施标识、禁止标识和安全警示标识，完善标示系统，风格与现状保持一致。

（六）延政西路—滆湖中路段绿地节点（已建）

（1）节点绿地位置

位于延政西路至滆湖中路段长沟河东侧，为建设中地段，绿地节点面积较大，其中延政西路南侧有一占地15 000 m² 左右的淹城公交总公司。

（2）节点绿地风格

通过情景再现和文化展示的设计手法，在景观设计中继承和延续淹城景区的凝重大气，由北向南，景观风格逐渐从凝重大气过渡为清新、简约，并利用植物造景来营造浪漫的滨水生活空间（图4-29）。

（3）慢行系统规划

因为此地块为建设中地块，虽未考虑自行车道，但游憩步道现为2.5 m，可在原有基础上增设自行车道，根据现状条件限制或拓宽原有道

图4-28　长虹中路—延政西路段绿地节点（已建）现状图

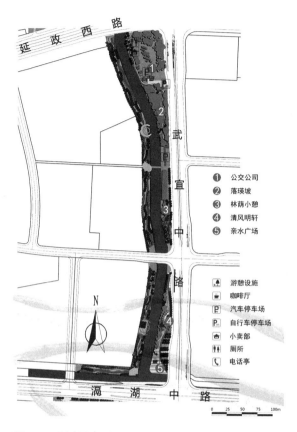

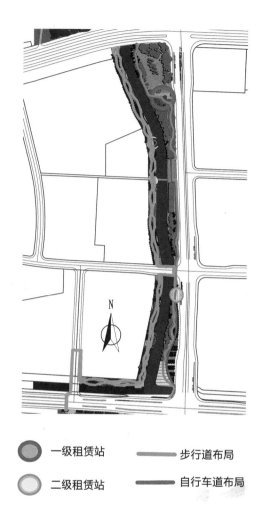

① 公交公司	
② 落瑛坡	
③ 林荫小憩	
④ 清风明轩	
⑤ 亲水广场	

游憩设施
咖啡厅
汽车停车场
自行车停车场
小卖部
厕所
电话亭

0 25 50 75 100m

图 4-29　延政西路—滆
湖中路段绿地节点（已
建）平面图

● 一级租赁站　　　　━━━　步行道布局

● 二级租赁站　　　　━━━　自行车道布局

路，或另选自行车线路，拓宽道路宽度不小于 5 m，新建自行车道宽度不小于 3 m，注意区分自行车道和人行道的铺装。

　　本段北端结合公交中心设立一处一级租赁站。永胜西路与武宜路交会处结合公交站台设立一处二级租赁站。

　　（4）驳岸控制

　　本段人们活动频率相对较高，以驳岸类别 4（图 4-16）为主，营造优美的水岸景观。充分考虑人的亲水性，局部可采用驳岸类别 2（图 4-14）的方式来设置观景平台。

　　（5）绿化景观

　　本段已新种植一些植物，可在此基础上适当增加色叶、香花树种。结合驳岸配置水生植物，形成丰富的岸线绿化。

　　将花境引入滨河绿地景观中，利用一、二年生的球根、宿根花卉和观赏草等植物资源，展现出植物自然组合的群体美，打造生态的、高品质的线形绿化景观,突出武进"花都"特色。

(6) 铺装设计

自行车道铺装采用红色沥青;人行步道以灰白色系为主,根据环境需求,选择的范围适当放大,采用防腐木、青石、透水砖等;滨水人行栈道采用仿木材料,力求与周围环境相协调,尽量降低对生态环境的干扰;局部小型游憩空间采用暖色系,有所变化,增加视觉效果,推荐材料为砂岩、防腐木、花岗岩等。

(7) 照明设计

铺装广场、构筑物、景观小品等为重点亮化对象,在保证安全照明的基础上,注重多样性和趣味性,灯具可采用景观灯、埋地灯、草坪灯、投光灯等。慢行系统、地形、植物景观等为普通照明对象,照明形式不宜过于复杂,灯具可采用路灯、埋地灯、投光灯、草坪灯等,灯具设置的高度和距离必须保证行人行车安全。路灯灯具外观宜选用深色系,样式以圆柱形为主,各路段风格相对统一;草坪灯灯具外观以冷色为主,样式活泼;景观灯灯具应外观色彩明快,造型别致。

照明设施主要为 LED 灯,节能环保,灯光色彩柔和,带给人们舒适的视觉感受。

(8) 标识系统

设置信息墙、标距柱、管理说明标识、景观介绍标识、慢行道指示标识、租赁站指示标识、导向性指示标识、服务设施指示标识、慢行道及租赁站标识、服务设施标识、禁止标识和安全警示标识,标识标牌风格定位为自然质朴,选用具有亲和力的环保绿为标准色,传递出滨河绿化带生态环保、绿色自然的特点,标识文字、图片要求明确清晰。

(七) 晓柳公园

(1) 规划范围

北侧西侧接长沟河,南至团结路(科创路),东至下沿路(规划未建道路),面积约 63 900 m²。

(2) 主题定位:文化产业创意园——秋之韵

此节点现状有大量的工业厂房,其中部分有较高的保留意义,能够记录当地的记忆,建议保留部分现状,作为印象长沟的重要表现方面。文化创意园将当代艺术、文化产业与历史文脉及城市生活有机结合,形成具有国际化色彩的"SOHO 式艺术聚落"和"LOFT 生活方式"。景观上以具有记忆色彩的秋景作为主打,与整体建筑环境相呼应(图 4-30)。

(3) 慢行系统规划

结合公园游览路线设计自行车道,与前后两段长沟河自行车路线相结合,可穿过公园,也可环绕公园。设立一个二级租赁站。

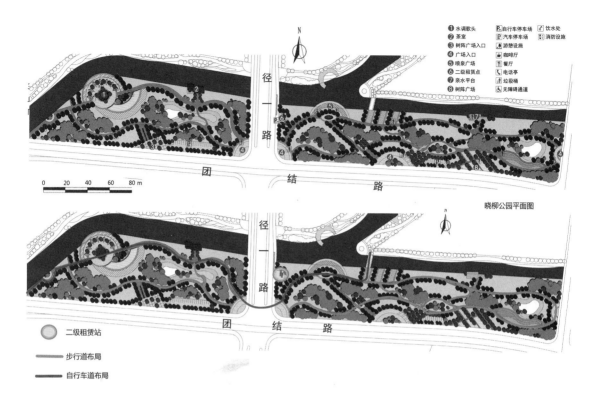

图例：
① 水调歌头　② 茶室　③ 树阵广场入口　④ 广场入口　⑤ 喷泉广场　⑥ 二级租赁点　⑦ 亲水平台　⑧ 树阵广场
🅿 自行车停车场　🅿 汽车停车场　游憩设施　咖啡厅　餐厅　饮水处　电话亭　垃圾桶　消防设施　无障碍通道

晓柳公园平面图

二级租赁站
步行道布局
自行车道布局

图 4-30　晓柳公园平面图

（4）驳岸控制

本节点毗邻居住区,人们活动频率相对较高,宜参照驳岸类别 5 (图 4-17)和驳岸类别 6(图 4-18),采用自然式驳岸与规则式驳岸相结合,营造优美的水岸景观。充分考虑人的亲水性,参照驳岸类别 2(图 4-14),局部设置观景木平台。为保证安全性,临河必须设置栏杆,高度不小于 1.05 m。

（5）绿化景观

公园绿地绿化注重植物景观的层次性和季相变化,以秋季景观为主,创造金秋红叶、层林尽染的植物景观,与文化创意园主题相呼应。根据水位变化,分层种植不同程度耐水湿的植物,通过植物净化水质。将花境引入滨河绿地景观中,利用一、二年生的球根、宿根花卉和观赏草等植物资源,展现出植物自然组合的群体美,配合地形设计和驳岸设计,增加观赏草和花卉以及部分高大乔木。

（6）铺装设计

铺装色彩素雅、明快,以灰白色系为主,局部广场采用暖色系铺装,有所变化,增加视觉效果。铺装形式可以是抽象或具象的图案,精致细腻。推荐材料有花岗岩、陶瓷砖、小砾石、卵石、砂岩等。

自行车道铺装采用红色沥青,人行步道可用防腐木、青石、透水砖等,滨水人行栈道采用仿木材料,力求与周围环境相协调。

该节点现状有大量的工业厂房,其中部分有较高的保留价值,铺装上可以考虑现有的工程材料,提取可用的材料、色彩等元素,尽可能保留原场地的建筑废料进行再加工利用,延续工业记忆。

(7)照明设计

保证园路照明,以植物景观照明为主,重点展示花卉和观赏草景观,局部配合景观小品照明和水景照明。灯具外观与居住区建筑及绿化景观相协调,造型简洁,色彩明丽。结合驳岸,可沿岸线布置灯带,营造靓丽夜景。

照明设施主要为LED灯,类型包括路灯、景观灯、埋地灯、草坪灯、水底灯、喷泉灯、洗墙灯、护栏管、灯带、投光灯等。其中路灯宜选用深色系或黑色,易于和树木颜色融为一体,与周围建筑物风格相协调。草坪灯以冷色调为主,样式活泼,造型别致。景观灯色调明快,样式以圆柱形为主。

(8)服务设施与景观小品

沿园路设置坐凳,密度应考虑游人的数量,形式可以是坐凳或是结合花坛、树池、挡墙设计的座椅,采用环保、易清洁、耐用的材料,优先选用石材、混凝土、木材等,木材应作防腐、防虫处理。设置一定数量的垃圾桶、饮水点等。小卖部、厕所、茶座等风格现代简洁,色彩清新淡雅,与周围环境相协调,也可考虑融入工业元素,体现印象长沟。

公园内可设置景观小品,形式以雕塑、景墙、亭廊为主,以自然浪漫为主题,整体造型现代简约,细部设计精美别致,也可设置融入工业元素的景观小品,延续场地历史记忆。材质以节约、环保为原则,优先选用石材、不锈钢材等材料,视使用环境需要具体选择。

(9)标识系统

增设自行车道指示牌,安全指示牌、公交车指示牌和景点指示牌,形式简洁大方,标识明确清晰。

(八)鸣新西路南侧绿地节点

(1)节点绿地位置

北接鸣新西路,南接武南路,西接新升北路(园区西路),东靠长沟河,被长沟河支流高家浜一分为二,面积共约 2 hm²(图4-31)。

(2)主题定位:工业雕塑园——冬之凝

绿地节点风格定位为工业雕塑公园,此节点现状有大量的工业厂房,其中有些部分有较高的纪念意义,可以保留或设置工业雕塑,能够记录当地的记忆,展现工业之美,可作为印象长沟的重要表现方面。

(3)慢行系统规划

此块绿地为长沟河绿地的南部终点,节点内部设一个一级自行车租

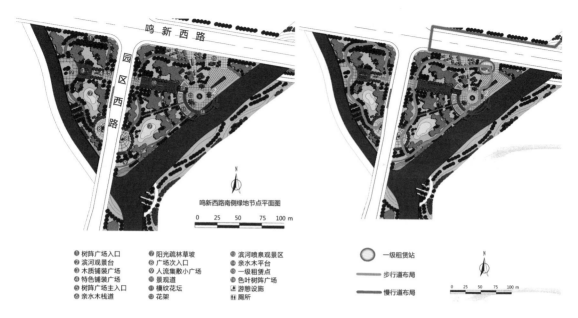

鸣新西路南侧绿地节点平面图

0   25   50   75   100 m

❶ 树阵广场入口   ❼ 阳光疏林草坡   ⓭ 滨河喷泉观景区
❷ 滨河观景台   ❽ 广场次入口   ⓮ 亲水木平台
❸ 木质铺装广场   ❾ 人流集散小广场   ⓯ 一级租赁点
❹ 特色铺装广场   ❿ 景观道   ⓰ 色叶树阵广场
❺ 树阵广场主入口   ⓫ 模纹花坛   ⓱ 游憩设施
❻ 亲水木栈道   ⓬ 花架   ⓲ 厕所

◎ 一级租赁站

—— 步行道布局

—— 慢行道布局

0   25   50   75   100 m

图 4-31 鸣新西路南侧绿地节点平面图

赁点,作为慢行系统终点,保证自行车道的连续性。

(4)驳岸控制

此节点驳岸设计以体现宜居和品质为主,应注重亲水性,同时也要考虑生态因素,整体风格要相对统一。

局部亲水驳岸采用驳岸类别5(图4-17),台阶式分层处理,短期改造成景观式阶梯,这样的阶梯不仅提供了游憩的空间,也为野生动植物提供栖息地;也可采用驳岸类别2(图4-14),设置观景木平台。在周围环境不适合或者条件不允许有亲水空间的地段,也可采用驳岸类别3(图4-15),营造自然景观。

(5)绿化景观

此段绿地节点绿化需注重营造冬季植物景观,注重色调协调和观赏效果,以乡土树种为主。主要设计观赏草、蜡梅、茶花等冬季观赏植物,配合工业雕塑景观,使得颜色搭配协调统一,追求素雅朴素,创造出具有特色的冬季季相景观。

(6)铺装设计

铺装色彩素雅、明快,以灰白色系为主,局部采用暖色系铺装,有所变化,增加视觉效果。宜使用中小尺度的铺装材料,亲切怡人,会让人在空间中感受到轻松和愉悦。铺装形式可以是抽象或具象的图案,精致细腻。推荐的材料有花岗岩、陶瓷砖、小砾石、卵石、砂岩等。

该节点现状有大量的工业厂房,其中有些部分有较高的保留价值,铺装上可以考虑现有的工程材料,提取可用的材料、色彩等元素,尽可能地保留原场地的建筑废料进行再加工利用,延续工业记忆。

自行车道铺装采用红色沥青，人行步道可用防腐木、青石透水砖等，滨水人行栈道采用仿木铺装，力求与周围环境相协调。

（7）照明设计

以夜间安全照明为主，尽可能少地影响植物的生长。保证园路照明和构筑物照明，配合景观小品照明和水景照明，展示自然浪漫的滨河夜景。

铺装广场、构筑物、水景、景观小品等为重点亮化对象，在保证安全照明的基础上，注重多样性和趣味性，灯具可采用景观灯、埋地灯、草坪灯、投光灯、护栏管、灯带、喷泉灯等。慢行系统、地形、植物景观等为普通照明对象，照明形式不宜过于复杂，灯具可采用路灯、埋地灯、投光灯、草坪灯等，灯具设置的高度和距离必须保证行人行车安全。路灯灯具外观宜选用深色系，样式以圆柱形为主，各路段风格相对统一；草坪灯灯具外观以冷色为主，样式活泼；景观灯灯具外观色彩明快，造型别致。

照明设施主要为 LED 灯，节能环保，灯光色彩柔和，带给人们舒适的视觉感受。

（8）服务设施与景观小品

公园内可设置景观小品，形式以雕塑、景墙、亭廊为主，以自然浪漫为主题，整体造型现代简约，细部设计精美别致，可设置融入工业元素的景观小品，延续场地历史记忆。材质以节约环保为原则，优先选用石材、不锈钢材等，视使用环境需要具体选择。

设立一个一级自行车租赁点，规模可容纳 40 辆自行车。

（9）标识系统

设置信息墙、管理说明标识、景观介绍标识、慢行道指示标识、租赁站指示标识、导向性指示标识、服务设施指示标识、慢行道及租赁站标识、服务设施标识、禁止标识和安全警示标识。标识标牌风格简约现代，以传递生态环保的理念，标识文字、图片明确清晰。

4.5.4　分段规划

4.5.4.1　东岸

（一）312 国道淹城路与长沟河交会处（聚湖公园）[参照 4.5.3.4（一）]

（二）淹城路与长沟河交会处——人民西路

（1）规划范围

本区段北起淹城路与长沟河交会处，南至人民西路，规划为居住区。其中，聚湖路北面地块尚未出让，聚湖路南面地块以大通河为界分别为绿地香颂和绿城玉兰广场两片居住区。

（2）整体风格

景观风格清新雅致，营造诗意盎然的水岸空间，拉近人与自然的距离，为周边居民的日常生活增添浪漫气息（图4-32）。

（3）慢行系统规划引导

① 慢行道选线

此段慢行道选线应满足滨河绿带慢行系统整体的连通性和小区居民日常出行便利两方面的需求。为保证慢行系统贯通，在大通河上架设一座桥梁供人车通行。

② 慢行道断面形式

本段地势较为平坦，人行道与自行车道设在同一平面，参照慢行道标准断面1（见图4-7）和标准断面2（见图4-8），根据实际情况合理布局。自行车道临水设置，两侧栽植花草树木，既保障行车安全性，又增添美感；人行道临建筑设置，方便居民散步游赏。亦可采取人车混行方式，既节省空间，又富有变化节奏感。

图4-32 淹城路与长沟河交会处至人民西路平面图

③ 租赁站

本段不设立租赁站。

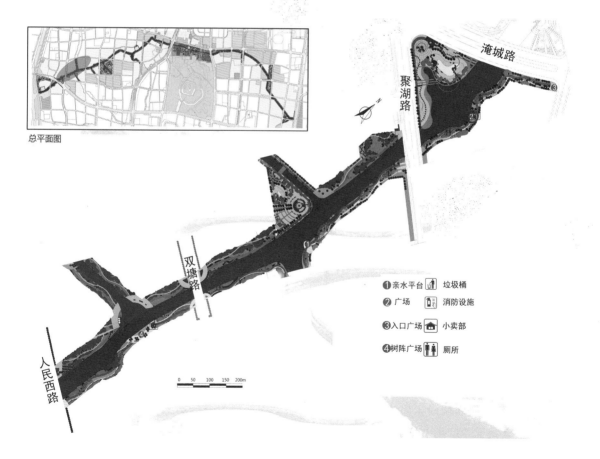

总平面图

❶亲水平台　🗑垃圾桶
❷广场　　　🧯消防设施
❸入口广场　🏠小卖部
❹树阵广场　🚻厕所

0　50　100　150　200m

（4）建筑控制引导

河东岸规划为居住区,其内部建筑根据城市规划中不同用地性质以及相关部门的管理规定合理建设居住建筑。社区周边修建围墙,原则上应为透空型围墙,围墙高度不应超过 1.6 m。

（5）驳岸控制引导

采用驳岸类别 3(图 4-15)和驳岸类别 4(图 4-16)相结合,局部设置观景木平台,参照驳岸类别 2(图 4-14),营造优美的水岸景观,满足人的亲水性。为保证安全性,临河必须设置栏杆,高度在 1.05 m 和 1.2 m 之间。

（6）绿化景观控制引导

绿化整体风格清新简约,主要采用自然式和规则式相结合的绿化形式,根据慢行道的布局合理配置行道树和植物组团。配合驳岸形式栽植丰富的水生植物,营造丰富的水岸植物景观。将花境引入滨河绿地景观中,利用一、二年生的球根、宿根花卉和观赏草等植物资源,展现出植物自然组合的群体美,打造生态的、高品质的线形绿化景观,突出武进"花都"特色,营造浪漫宜居的生活环境。

（7）铺装设计控制引导

自行车道铺装采用红色沥青;人行步道以灰白色系为主,根据环境需求,选择的范围适当放大,采用防腐木、青石、透水砖等;滨水人行栈道采用仿木材料,力求与周围环境相协调,尽量降低对生态环境的干扰;局部小型游憩空间采用暖色系,有所变化,增加视觉效果,推荐材料有砂岩、防腐木、花岗岩等。

（8）照明控制引导

本段照明应以安全性、多样性、趣味性为主导。灯具外观与居住区建筑及绿化景观相协调,造型简洁,色彩明丽。可沿岸线布置灯带,营造靓丽夜景。

铺装广场、构筑物、景观小品等为重点亮化对象,在保证安全照明的基础上注重多样性和趣味性,灯具可采用景观灯、埋地灯、草坪灯、投光灯、护栏管、灯带等。慢行系统植物景观等为普通照明对象,照明形式不宜过于复杂,灯具可采用路灯、埋地灯、投光灯、草坪灯等,灯具设置的高度和距离必须保证行人行车安全。路灯灯具外观宜选用深色系,各路段风格相对统一;草坪灯灯具外观以冷色为主,样式活泼;景观灯灯具外观色彩明快,造型别致。

（9）标识系统控制引导

设置信息墙、标距柱、管理说明解说标识、慢行道和租赁站指示标识、导向性指示标识、服务设施指示标识、禁止标识和安全警示标识等标识,标识标牌风格定位为自然质朴,选用具有亲和力的环保绿为标准色,传递出滨河绿化带生态环保、绿色自然的特点,标识文字、图片要求明确清晰。

(10) 服务设施和景观小品控制引导

服务设施的设置以保障慢行交通安全通畅为前提,以利民便民为原则,要求慢行道全程沿线设置坐凳,密度应考虑游人的数量,形式可以是坐凳或是结合花坛、树池、挡墙设计的座椅,采用环保、易清洁、耐用的材料,优先选用石材、混凝土、木材等,木材应作防腐、防虫处理。临水危险地段必须设置人行护栏。慢行沿线设置一定数量的垃圾桶。本段不设立租赁站。

开敞空间如小广场等处可设置景观小品,以自然浪漫为主题,整体造型现代简约,细部设计精美别致。材质遵循节约、环保原则,优先选用石材、木材、不锈钢材等,视使用环境需要具体选择。

(三) 人民西路—定安路

(1) 规划范围

本区段北起人民西路,南至定安路,规划为常发御龙山居住区。

(2) 整体风格

景观风格与相邻区段保持一致,清新雅致,以生态、宜居为主导,运用模拟自然的手法,营造诗意盎然的自然生态水岸空间,拉近人与自然的距离,为周边居民的日常生活增添浪漫气息(图 4-33)。

(3) 慢行系统规划引导

① 慢行道选线

此段慢行道选线应满足滨河绿带慢行系统整体的连通性和小区居民日常出行便利两方面的需求。

② 慢行道断面形式

本段地势较为平坦,人行道与自行车道设在同一平面,参照慢行道标准断面1(见图 4-7)和标准断面2(见图 4-8),根据实际情况合理布局。自行车道临水设置,两侧栽植花草树木,既保障行车安全性,又增添美感;人行道临建筑设置,方便居民散步游赏。亦可采取人车混行方式,既节省空间,又富有变化节奏感。

③ 换乘点

人民西路与长沟路交会处设立一处二级租赁站。

(4) 建筑控制引导

长沟河东岸规划为居住区,其内部建筑根据城市规划中不同用地性质以及相关部门的管理规定合理建设居住建筑。社区周边修建围墙,原则上应为透空型围墙,围墙高度 1.2 m。

(5) 驳岸控制引导

采用驳岸类别3(图 4-15)和驳岸类别4(图 4-16)相结合,局部设置

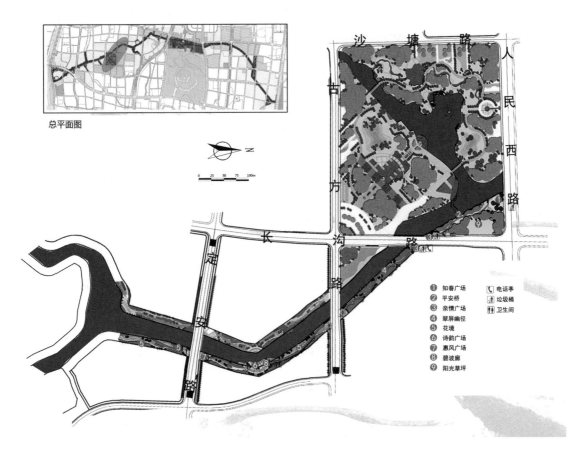

总平面图

知春广场
平安桥
亲情广场
翠屏幽径
花境
诗韵广场
惠风广场
碧波廊
阳光草坪

电话亭
垃圾桶
卫生间

图 4-33　人民西路—定安路平面图

观景木平台,参照驳岸类别 2(图 4-14),营造优美的水岸景观,满足人的亲水性。为保证安全性,临河必须设置栏杆,高度 1.1 m。

（6）绿化景观控制引导

绿化整体风格清新简约,主要采用自然式绿化,根据慢行道的布局合理配置行道树和植物组团。配合驳岸形式栽植丰富的水生植物,营造丰富的水岸植物景观。将花境引入滨河绿地景观中,利用一、二年生球根、宿根花卉和观赏草等植物资源,展现出植物自然组合的群体美,打造生态的、高品质的线形绿化景观,突出武进"花都"特色,营造浪漫宜居的生活环境。

（7）铺装设计控制引导

自行车道铺装采用红色沥青;人行步道以灰白色系为主,根据环境需求,选择的范围适当放大,采用防腐木、青石、透水砖等;滨水人行栈道采用仿木材料,力求与周围环境相协调,尽量降低对生态环境的干扰;局部小型游憩空间采用暖色系,有所变化,增加视觉效果,推荐材料有砂岩、防腐木、花岗岩等。

（8）照明控制引导

本段照明应以安全性、多样性、趣味性为主导。灯具外观与居住区建筑及绿化景观相协调,造型简洁,色彩明丽。可沿岸线布置灯带,营造靓丽夜景。

铺装广场、构筑物、水景、景观小品等为重点亮化对象,在保证安全照明的基础上,注重多样性和趣味性,灯具可采用景观灯、埋地灯、草坪灯、投光灯、护栏管、灯带、喷泉灯等。慢行系统、植物景观等为普通照明对象,照明形式不宜过于复杂,灯具可采用路灯、草坪灯等,灯具设置的高度和距离必须保证行人行车安全。路灯宜选用深色系或黑色,易于和树木颜色融为一体,与周围建筑物风格相协调。草坪灯以冷色调为主,样式活泼、造型别致。景观灯色调明快,样式以圆柱形为主。

照明设施主要为 LED 灯,节能环保,灯光色彩柔和,带给人们舒适的视觉感受。

(9) 标识系统控制引导

设置信息墙、标距柱、管理说明解说标识、慢行道和租赁站指示标识、导向性指示标识、服务设施指示标识、租赁站和服务设施命名标识、禁止标识和安全警示标识等标识,标识标牌风格定位为自然质朴,选用具有亲和力的环保绿为标准色,传递出滨河绿化带生态环保、绿色自然的特点,标识文字、图片要求明确清晰。

(10) 服务设施和景观小品控制引导

服务设施的设置以保障慢行交通安全通畅为前提,以利民便民的原则,要求慢行道全程沿线设置坐凳,密度应考虑游人的数量,形式可以是坐凳或是结合花坛、树池、挡墙设计的座椅,采用环保、易清洁、耐久的材料,优先选用石材、混凝土、木材等,木材应作防腐、防虫处理。临水危险地段必须设置人行护栏。慢行沿线设置一定数量的垃圾桶。

开敞空间如小广场等处可设置景观小品,以自然浪漫为主题,整体造型现代简约,细部设计精美别致。材质遵循节约、环保的原则,优先选用石材、木材、不锈钢材等,视使用环境需要具体选择。人民西路与长沟路交会处设立一处二级租赁站。

(四)定安中路—长虹路

(1) 规划范围

本区段北起定安中路,南至长虹路,规划为星河国际居住区。

(2) 整体风格

延续星河段已建成景观的自然式风格,主要利用植物造景来营造浪漫的滨水生活空间。局部可结合周边商业街规划为规则式开敞空间,实现自然与人工的柔和交接(图 4-34)。

(3) 慢行系统规划引导

① 慢行道选线

此段慢行道选线应满足滨河绿带慢行系统整体的连通性和小区居民

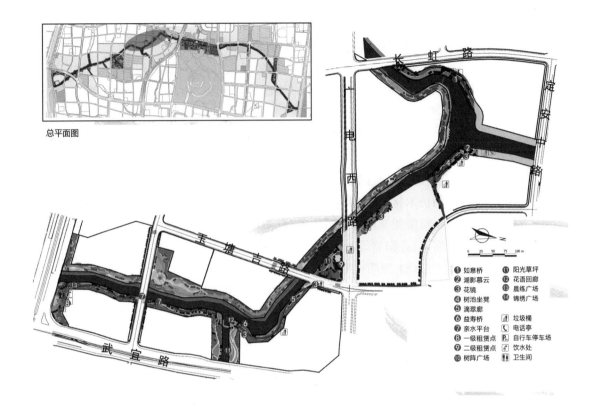

总平面图

① 如意桥　　⑪ 阳光草坪
② 湖影慕云　⑫ 花语回廊
③ 花镜　　　⑬ 晨练广场
④ 树池坐凳　⑭ 锦绣广场
⑤ 滴翠廊　　🗑 垃圾桶
⑥ 益寿桥　　☎ 电话亭
⑦ 亲水平台　🅿 自行车停车场
⑧ 一级租赁点　🚰 饮水处
⑨ 二级租赁点　🚻 卫生间
⑩ 树阵广场

图 4-34　定安中路—长虹路平面图

日常出行便利两方面的需求。可与附属于居住区的滨水商业街结合,相得益彰。为保证慢行系统贯通,在大通河上架设一座桥梁供人车通行。

② 慢行道断面形式

星河国际一期建成的区段内,现状景观已占用大部分沿河用地,空余空间相对狭小,可参照标准断面 2(见图 4-8),采用人车混行的方式,节省用地。未建成的区段可参照标准断面 1(见图 4-7)和标准断面 4(见图 4-10),采用人车分行的方式,空间富有变化。

③ 换乘点

广电路北结合城市道路的公交停靠站设立一处二级租赁站,长虹路北设立一处一级租赁站。

(4) 建筑控制引导

长沟河东岸规划为居住区,其内部建筑根据城市规划中不同用地性质以及相关部门的管理规定合理建设居住建筑。社区周边修建围墙,原则上应为透空型围墙,围墙高度 1.2 m。

(5) 驳岸控制引导

星河国际一期工程已建设完成,其采用的是自然式驳岸,类似驳岸类别 6(图 4-18),其余河段驳岸必须与此段风格衔接协调、和谐过渡。充分考虑人的亲水性,参照驳岸类别 2(图 4-14),局部设置观景木平台

（图 4-35）。为保证安全性，临河必须设置栏杆，高度 1.1 m。

（6）绿化景观控制引导

延续星河国际一期已建成的绿化形式与风格，配合驳岸栽植丰富的水生植物，营造丰富的水岸植物景观。慢行道两侧可栽植路缘花境，既起到安全隔离的作用，又精致美观。

（7）铺装设计控制引导

自行车道铺装采用红色沥青；人行步道以灰白色系为主，根据环境需求，选择的范围适当放大，采用防腐木、青石、透水砖等；滨水人行栈道采用仿木材料，力求与周围环境相协调，尽量降低对生态环境的干扰；局部小型游憩空间采用暖色系，有所变化，增加视觉效果，推荐材料为砂岩、防腐木、花岗岩等。

（8）照明控制引导

本段照明应以安全性、多样性、趣味性为主导。灯具外观与居住区建筑及绿化景观相协调，造型简洁，色彩明丽。可结合周边商业店面亮化，建筑、广场和桥梁处适当丰富夜景亮化形式，吸引人群聚集。可沿岸线布

图 4-35　定安中路—长虹路驳岸 6、休憩节点效果图

置灯带,营造靓丽夜景。

铺装广场、构筑物、景观小品等为重点亮化对象,在保证安全照明的基础上,注重多样性和趣味性,灯具可采用景观灯、埋地灯、草坪灯、投光灯、喷泉灯等。慢行系统、植物景观等为普通照明对象,照明形式不宜过于复杂,灯具可采用路灯、草坪灯等,灯具设置的高度和距离必须保证行人行车安全。路灯灯具外观宜选用深色系,样式以圆柱形为主,各路段风格相对统一。草坪灯灯具外观以冷色为主,样式活泼。景观灯灯具外观色彩明快,造型别致。

照明设施主要为 LED 灯,节能环保,灯光色彩柔和,带给人们舒适的视觉感受。

(9)标识系统控制引导

设置信息墙、标距柱、管理说明解说标识、慢行道和租赁站指示标识、导向性指示标识、服务设施指示标识、租赁站和服务设施命名标识、禁止标识和安全警示标识等,标识标牌风格定位为自然质朴,选用具有亲和力的环保绿为标准色,传递出滨河绿化带生态环保、绿色自然的特点,标识文字、图片要求明确清晰。

(10)服务设施和景观小品控制引导

服务设施的设置以保障慢行交通安全通畅为前提,以利民便民为原则,要求慢行道全程沿线设置坐凳,密度应考虑游人的数量,形式可以是坐凳或是结合花坛、树池、挡墙设计的座椅,采用环保、易清洁、耐用的材料,优先选用石材、混凝土、木材等,木材应作防腐、防虫处理。临水危险地段必须设置人行护栏。慢行沿线设置一定数量的垃圾桶。

开敞空间如小广场等处可设置景观小品,以自然浪漫为主题,整体造型现代简约,细部设计精美别致。材质遵循节约、环保原则,优先选用石材、木材、不锈钢材等,视使用环境需要具体选择。

(五)长虹中路—延政西路[参照 4.5.3.4(五)]

(六)延政西路—滆湖中路[参照 4.5.3.4(六)]

(七)滆湖路—战斗路

(1)规划范围

本区段北起滆湖路,南至战斗路,滨河绿地外侧规划为市政设施用地及商住混合用地。

(2)整体风格

以高品质为主导,展示丰富、精致的景观特征,应特别注重亲水空间的设计,与现代、繁华、富含时代特征的环境相适应,体现高技术、高情感的滨河景观精神,将经济、景观和时代交融一体,满足人们日益提高的生活品质需求(图 4-36)。

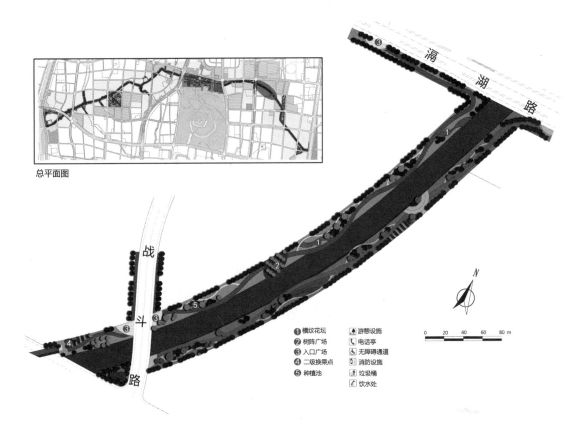

总平面图

图例：
① 模纹花坛
② 树阵广场
③ 入口广场
④ 二级换乘点
⑤ 种植池

🏛 游憩设施
📞 电话亭
♿ 无障碍通道
🧯 消防设施
🗑 垃圾桶
🚰 饮水处

0   20   40   60   80 m

图 4-36　漏湖路—战斗路平面图

（3）慢行系统规划引导

① 慢行道选线

此段慢行道选线应满足滨河绿带慢行系统整体的连通性和周围居民日常出行便利两方面的需求。考虑绿地外侧规划为商住混合用地，未来可能出现商业街，自行车道宜临水设置，人行道与外侧空间相连通。

② 慢行道断面形式

本段地势较为平坦，人行道与自行车道设在同一平面，参照慢行道标准断面 1（见图 4-7）和标准断面 2（见图 4-8），根据实际情况合理布局。自行车道临水设置，两侧栽植花草树木，既保障行车安全性，又增添美感；人行道临建筑设置，方便居民散步游赏。亦可采取人车混行方式，既节省空间，又富有节奏感。

③ 换乘点

本段不设立租赁站。

（4）建筑控制引导

长沟河东岸规划为市政设施用地和商住混合用地，其内部建筑根据城市规划中不同用地性质以及相关部门的管理规定合理建设居住建筑。社区周边修建围墙，原则上应为透空型围墙，围墙高度不应超过 1.6 m。

（5）驳岸控制引导

本段人们活动频率相对较高,参考驳岸类别 4(见图 4-16)和驳岸类别 5(见图 4-15)两种形式,以保证安全性为前提,满足人们亲水需求。局部采用驳岸类别 3(见图 4-17),充分利用植物根系的附着牢固作用,体现自然生态的气息。

（6）绿化景观控制引导

绿化整体风格清新简约,采用自然式和规则式绿化相结合,根据慢行道的布局合理配置行道树和植物组团,开敞空间合理布置树阵。配合驳岸形式栽植丰富的水生植物,营造丰富的水岸植物景观。将花境引入滨河绿地景观中,利用一、二年生的球根、宿根花卉和观赏草等植物资源,展现出植物自然组合的群体美,打造生态的、高品质的线形绿化景观,突出武进“花都”特色,全面提升周边商住环境品质。

（7）铺装设计控制引导

自行车道铺装采用红色沥青;人行步道以灰白色系为主,根据环境需求,选择的范围适当放大,采用防腐木、青石、透水砖等;局部小型游憩空间采用暖色系,有所变化,增加视觉效果,推荐材料有砂岩、防腐木、花岗岩等。

（8）照明控制引导

本段照明应结合商业、居住需求,突出精致与品质,运用多种形式,重点强化铺装广场照明、景观小品照明、植物景观照明与水景照明等。灯具外观可融入后工业元素,展现历史印迹。灯光可适当选择明艳、亮丽的色彩,为周边商住环境营造热闹的氛围。

慢行系统、地形、植物景观等为普通照明对象,照明形式不宜过于复杂,灯具可采用路灯、埋地灯、投光灯、草坪灯等,灯具设置的高度和距离必须保证行人行车安全。路灯灯具外观宜选用深色系,样式以圆柱形为主,各路段风格相对统一。草坪灯灯具外观以冷色为主,样式活泼。景观灯灯具外观色彩明快,造型别致。

（9）标识系统控制引导

设置信息墙、标距柱、管理说明解说标识、慢行道和租赁站指示标识、导向性指示标识、服务设施指示标识、禁止标识和安全警示标识等,标识标牌风格定位为自然质朴,选用具有亲和力的环保绿为标准色,传递出滨河绿化带生态环保、绿色自然的特点,标识文字、图片要求明确清晰。

（10）服务设施和景观小品控制引导

服务设施的设置以保障慢行交通安全通畅为前提,以利民便民为原则,要求慢行道全程沿线设置坐凳,密度应考虑游人的数量,形式可以是坐凳或是结合花坛、树池、挡墙设计的座椅，采用环保、易清洁、耐用的材料，优先选用石材、混凝土、木材等，木材应作防腐、防虫处理。临水危险地段必须设置人行护栏。慢行沿线设置一定数量的垃圾桶。

开敞空间如小广场等处可设置景观小品，以自然浪漫为主题，整体造型现代简约，细部设计精美别致。材质遵循节约、环保原则，优先选用石材、木材、不锈钢材等，视使用环境需要具体选择。

（八）战斗路—武南路

（1）规划范围

本区段北起战斗路，南至武南路，河东岸绿地外侧规划为居住区以及一个面积约为 6 hm² 的公园（晓柳公园）。晓柳公园参见 4.5.3.4（七）。

（2）整体风格

运用模拟自然的手法，营造自然生态的水岸空间，拉近人与自然的距离，为周边居民的日常生活增添浪漫气息。将河道两岸原有工业元素融入景观设计中，展现河流和沿河人们生活发展的印迹，打造"印象长沟"。晓柳公园重点营建舒适宜人的空间（图 4-37）。

（3）慢行系统规划引导

① 慢行道选线

图 4-37　战斗路—武南路平面图

慢行道与公园内部道路以及公园外围城市道路合理衔接，为人们提供有选择性的游线。晓柳公园以南区段仅布置人行步道，不布置自行车

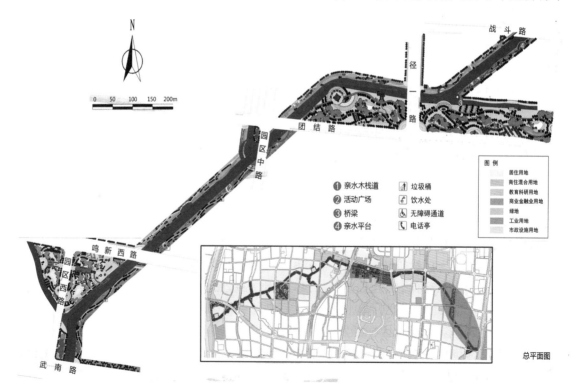

道。自行车道与城市道路和晓柳公园主路均贯通，慢行游线具有选择性，可在公园内穿行，也可从公园外围绕行。

②慢行道断面形式

公园内部慢行道参照标准断面 4(见图 4-10)，自行车道临水布置，既可方便快捷地游览公园，又能达到良好的景观效果。仅布置人行步道的段落参照标准断面 2(见图 4-8)，路面可适当缩窄，留出更宽敞的景观空间。

③换乘点

晓柳公园内设立一处二级租赁站。

(4) 建筑控制引导

长沟河东岸规划为居住区，其内部建筑根据城市规划中不同用地性质以及相关部门的管理规定合理建设居住建筑。社区周边修建围墙，原则上应为透空型围墙，围墙高度不应超过 1.6 m。

(5) 驳岸控制引导

本段毗邻居住区，人们活动频率相对较高，宜参照驳岸类别 5(见图 4-17)和驳岸类别 6(见图 4-18)，采用自然式驳岸与规则式驳岸相结合，营造优美的水岸景观。充分考虑人的亲水性，参照驳岸类别 2(见图 4-14)，局部设置观景木平台。为保证安全性，临河必须设置栏杆，高度在 1.05~1.2 m 之间。

(6) 绿化景观控制引导

绿化整体风格清新简约，采用自然式和规则式绿化相结合，根据慢行道的布局合理配置行道树和植物组团，开敞空间合理布置树阵。配合驳岸形式栽植丰富的水生植物，营造丰富的水岸植物景观。将花境引入滨河绿地景观中，利用一、二年生的球根、宿根花卉和观赏草等植物资源，展现出植物自然组合的群体美，打造生态的、高品质的线形绿化景观，突出武进"花都"特色，全面提升周边商住环境品质。

(7) 铺装设计控制引导

自行车道铺装采用红色沥青；人行步道以灰白色系为主，根据环境需求，选择的范围适当放大，采用防腐木、青石、透水砖等；局部小型游憩空间采用暖色系，有所变化，增加视觉效果，推荐材料有砂岩、防腐木、花岗岩等。

该节点现状有大量的工业厂房，其中有些部分有较高的保留价值，铺装上可以考虑现有的工程材料，提取可用的材料、色彩等元素，尽可能地保留原场地的建筑废料进行再加工利用，延续工业记忆。

(8) 照明控制引导

本段照明应以安全性、多样性、趣味性为主导。灯具外观与居住区建筑及绿化景观相协调,造型简洁,色彩明丽。广场和桥梁处适当丰富夜景亮化形式,吸引人群聚集。可沿岸线布置灯带,营造靓丽夜景。

（9）标识系统控制引导

设置信息墙、标距柱、管理说明解说标识、慢行道和租赁站指示标识、导向性指示标识、服务设施指示标识、租赁站和服务设施命名标识、禁止标识和安全警示标识等,标识标牌风格定位为自然质朴,选用具有亲和力的环保绿为标准色,传递出滨河绿化带生态环保、绿色自然的特点,标识文字、图片要求明确清晰。

（10）服务设施和景观小品控制引导

结合慢行道布局,沿线设置坐凳。在合适地点营建亭廊、花架,供居民和游人休憩使用。可在小广场处设置展现"花都水城"的主题景观小品,外观要求精致、细腻。也可设置融入工业元素的景观小品,延续场地历史记忆。材质以木材、石材、钢材为主。晓柳公园内设立一处二级租赁站。

4.5.4.2　西岸

京杭大运河—金鸡西路（运河沿岸绿地、市政设施用地已建成,另有开放绿地可与聚湖公园相结合）

（1）规划范围

本段北起 312 国道,南至金鸡西路与长沟河交叉口。

（2）整体风格

本段周围为市政设施用地,较为狭窄,基本都是不到 20 m 的绿化范围,以保证防洪安全为主,同时兼顾景观效果。

（3）慢行系统规划引导

此段空间有限,且周围为市政设施用地,不设慢行道。

（4）建筑控制引导

周边修建围墙,原则上应为透空型围墙,围墙高度不应超过 1.6 m。

（5）驳岸控制引导

此段为长沟河与大运河交叉口,设有调节水位的水坝,防洪要求较高,建议保留原有驳岸。

（6）绿化景观控制引导

绿化整体风格清新简约,自然式绿化和规则式绿化结合,根据慢行道的布局合理配置行道树和植物组团,注重植物的层次,同时应考虑四季景观,配置适量的观花植物和色叶树种。

（7）铺装设计控制引导

以灰白色调为主,给人以优雅、沉稳的感觉,使环境显得更为宁静。注重生态材料的运用,推荐铺装材料为卵石地面、砖地面和草皮砖等。

（8）照明控制引导

该段场地狭窄，基本没有活动空间，因此以夜间安全照明为主，保证园路照明的同时配合适当的植物景观照明。

（9）标识系统控制引导

设置标距柱、管理说明标识、导向性指示标识、禁止标识和安全警示标识，标识标牌风格定位为自然质朴，选用具有亲和力的环保绿为标准色，传递出滨河绿化带生态环保、绿色自然的特点，标识文字、图片要求明确清晰。

（10）服务设施和景观小品控制引导

服务设施的设置以保障慢行交通安全通畅为前提，以利民便民为原则，要求慢行道全程沿线设置坐凳，密度应考虑游人的数量，形式可以是坐凳或是结合花坛、树池、挡墙设计的座椅，采用环保、易清洁、耐用的材料，优先选用石材、混凝土、木材等，木材应作防腐、防虫处理。人行道沿线设置一定数量的垃圾桶。本段不设立租赁站。

（一）金鸡西路—淹城路

（1）规划范围

本段北起金鸡西路与长沟河交叉口，南至淹城路与长沟河交叉口。

（2）整体风格

与河对岸聚湖公园相协调，延续自然、现代、时尚的景观风格（图4-38）。

（3）慢行系统规划引导

① 慢行道选线

此段慢行道选线应满足滨河绿带慢行系统整体的连通性和周围居民日常出行便利两方面的需求。自行车道宜临水设置，人行道靠近外围建筑。

② 慢行道断面形式

绿道采用单功能慢行道。地形坡度不大，采用标准断面1（见图4-7），自行车道沿河分布，宽度为5 m，游步道宽度为2 m。

③ 换乘点

该段不设租赁站。

（4）建筑控制引导

周边为居住区（聚湖半岛），其内部建筑根据城市规划中不同用地性质以及相关部门的管理规定合理建设。社区周边修建围墙，原则上应为透空型围墙，围墙高度1.2 m。

（5）驳岸控制引导

本区段驳岸以自然生态驳岸为主，结合水生植物配置，如芦苇、荷花、黄菖蒲等，营造生态湿地景观，展示自然质朴风貌，为周边居民和游人创

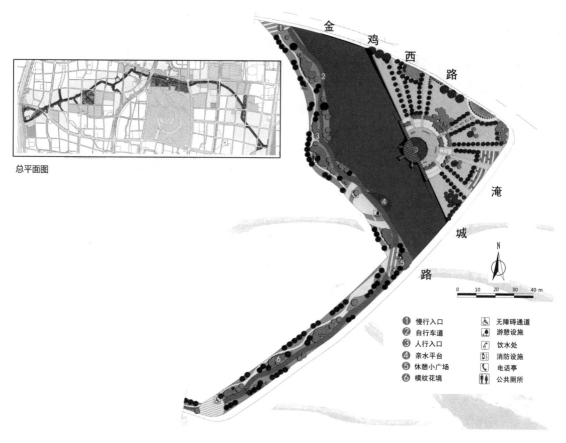

总平面图

图4-38　金鸡西路—淹
城路

造宜居、浪漫的滨水空间。

　　驳岸设计采用驳岸类别1(见图4-13)和驳岸类别2(见图4-14)相结合的方式。

　　(6)绿化景观控制引导

　　绿化整体风格清新简约,主要采用自然式绿化,根据慢行道的布局合理配置行道树和植物组团,考虑四季景观,配置适量的观花植物和色叶树种。配合驳岸形式栽植丰富的水生植物,营造丰富的水岸植物景观。将花境引入滨河绿地景观中,利用一、二年生的球根、宿根花卉和观赏草等植物资源,展现出植物自然组合的群体美,打造生态的、高品质的线形绿化景观,突出武进"花都"特色,营造浪漫宜居的生活环境。

　　(7)铺装设计控制引导

　　自行车道铺装采用红色沥青;人行步道以灰白色系为主,根据环境需求,选择的范围适当放大,采用防腐木、青石、透水砖等;局部小型游憩空间采用暖色系,有所变化,增加视觉效果,推荐材料有砂岩、防腐木、花岗岩等。

　　(8)照明控制引导

　　以夜间安全照明为主,保证园路照明,配合适当的植物景观照明,但要尽可能地减少对植物生长的影响。铺装广场等小型游憩空间可以作为重点亮化对象。

灯具形式以简洁为主,风格现代典雅稳重,尽量使灯具的造型与其环境植物的几何图形形状相协调。照明设施主要为 LED 灯,类型包括路灯、投光灯、埋地灯、草坪灯等。其中路灯宜选用深色系或黑色,易于和树木颜色融为一体,与周围建筑物风格相协调。草坪灯以冷色调为主,样式活泼,造型别致。景观灯色调明快,样式以圆柱形为主。

(二)人民西路—古方路

(1)规划范围

淹城路与长沟河交叉口至人民西路与长沟河交叉口。其中淹城路—聚湖路段绿地节点参见 4.5.3.4(二),聚湖路—双塘路段节点参见4.5.3.4(三)(图 4-39)。

(2)整体风格

通过亲水空间和植物景观的营造,展示自然浪漫的气息,同时兼顾周

图 4-39 聚湖路—双塘路平面图

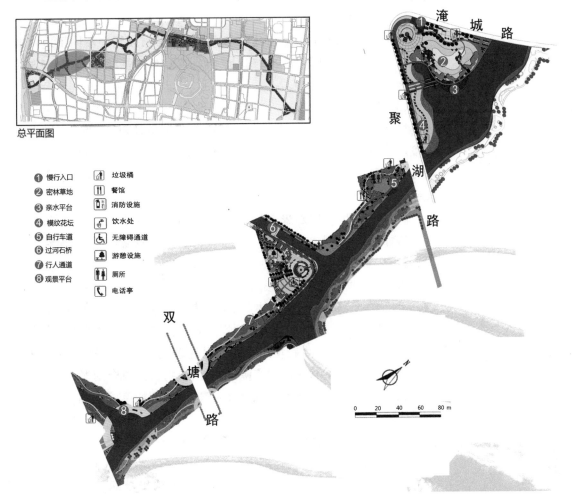

总平面图

① 慢行入口　🚮 垃圾桶
② 密林草地　🍴 餐馆
③ 亲水平台　🧯 消防设施
④ 模纹花坛　🚰 饮水处
⑤ 自行车道　♿ 无障碍通道
⑥ 过河石桥　🛋 游憩设施
⑦ 行人通道　🚻 厕所
⑧ 观景平台　☎ 电话亭

围是以居住区为主的环境,在细节上体现宜居和品质的理念。

（3）慢行系统规划引导

① 慢行道选线

此段要保证慢行的连通,同时节点处注意与节点内部道路的衔接。

② 慢行道断面形式

该段场地相对开敞,有两个绿地节点,绿道选单功能慢行道为主,局部地形条件达不到的采用多功能慢行道。

地形坡度不大且相对宽敞的地方,采用标准断面 1（见图 4-7）,自行车道沿河分布,宽度为 3 m,游步道宽度为 2 m;地形坡度较大且相对宽敞的地方,采用标准断面 4（见图 4-10）,自行车道沿河分布,宽度为 5 m,游步道宽度为 2 m;局部狭窄地段采用标准断面 2（见图 4-8）。

③ 换乘点

该段的最北端节点处设一个二级自行车租赁站,作为西岸慢行系统的起点。

（4）建筑控制引导

周边规划用地为居住区,其内部建筑根据城市规划中不同用地性质以及相关部门的管理规定合理建设。社区周边修建围墙,原则上应为透空围墙,围墙高度 1.2 m。

（5）驳岸控制引导

局部坡度小、腹地大,采用驳岸类别 3,丰富植物种植,用色彩绚烂的花境点缀河两岸,打造浪漫的水岸空间,营造诗意般的栖居环境。植物种植种类有醉鱼草、一串红、郁金香、八仙花、酢浆草、石竹。同时结合驳岸类别 2,营建滨水活动场地。

河道相对狭窄地段,采用天然材料护底,少量运用钢筋混凝土、石块等材料,同时种植植被,乔灌草相结合,营造生态景观,采用驳岸类别 6（见图 4-18）。

（6）绿化景观控制引导

绿化整体风格清新简约,主要采用自然式绿化,根据慢行道的布局合理配置行道树和植物组团。配合驳岸形式栽植丰富的水生植物,营造丰富的水岸植物景观。将花境引入滨河绿地景观中,利用一、二年生的球根、宿根花卉和观赏草等植物资源,展现出植物自然组合的群体美,打造生态的、高品质的线形绿化景观,突出武进"花都"特色,营造浪漫宜居的生活环境。

（7）标识系统控制引导

设置信息墙、标距柱、管理说明标识、景观介绍标识、慢行道指示标识、租赁站指示标识、导向性指示标识、服务设施指示标识、服务设施标识、禁止标识和安全警示标识等,标识标牌风格定位为自然质朴,选用具有亲和力的环保绿为标准色,传递出滨河绿化带生态环保、绿色自然的特点,标识文字、图片要求明确清晰。

(8) 服务设施和景观小品控制引导

服务设施的设置以保障慢行交通安全通畅为前提,以利民便民为原则,要求慢行道全程沿线设置坐凳,密度应考虑游人的数量,形式可以是坐凳或是结合花坛、树池、挡墙设计的座椅,采用环保、易清洁、耐用的材料,优先选用石材、混凝土、木材等,木材应作防腐、防虫处理。临水危险地段必须设置人行护栏。慢行沿线设置一定数量的垃圾桶。本段不设立租赁站。

开敞空间如小广场等处可设置景观小品,以自然浪漫为主题,整体造型现代简约,细部设计精美别致。材质遵循节约、环保原则,优先选用石材、不锈钢材等,视使用环境需要具体选择。

(三) 人民西路—古方路[长沟公园参照 4.5.3.4(四)]

(四) 古方路—定安中路(未出让,规划为居住用地)

(1) 规划范围

本段北起古方路与河道交叉口,南至定安中路与长沟河交叉口。

(2) 整体风格

以生态设计为主导,营造自然生态的景观风格,提供一个自然清新的浪漫空间(图 4-40)。

(3) 慢行系统规划引导

① 慢行道选线

保证慢行道的连通,自行车道靠河岸分布,游步道靠近建筑侧。

② 慢行道断面形式

此段地势平坦,有 20 m 宽的绿化带,采用多功能慢行道与单功能慢行道相结合的方式,创造丰富的空间感。采用以下两种断面形式:标准断面 1(见图 4-7),自行车道沿河分布,宽度 5 m,游步道宽度 2 m;标准断面 2(见图 4-8),自行车道和人行道合并,宽度 6 m。

③ 换乘点

该段处于长沟公园一级租赁点的服务范围之内,不再单独设立换乘点。

(4) 建筑控制引导

周边地块以商住混合为主,其内部建筑根据城市规划中不同用地性质以及相关部门的管理规定合理建设。周边修建围墙,原则上应为透空围墙,围墙高度不应超过 1.6 m。

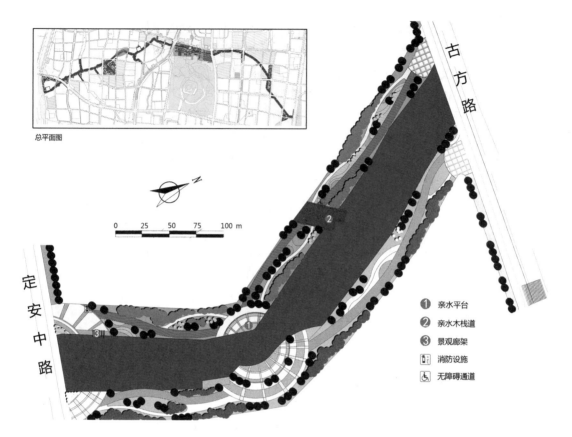

总平面图

图4-40 古方路—定安中路平面图

① 亲水平台
② 亲水木栈道
③ 景观廊架
🔥 消防设施
♿ 无障碍通道

（5）驳岸控制引导

考虑到两侧居住环境以及安全因素，采用驳岸类别6，天然材料护底，少量运用钢筋混凝土、石块等材料，同时种植植被，乔灌草相结合，营造生态景观，提升城市景观品质（见图4-18）。

（6）绿化景观控制引导

绿化整体风格清新简约，采用自然式和规则式绿化相结合，根据慢行道的布局合理配置行道树和植物组团，开敞空间合理布置树阵。配合驳岸形式栽植丰富的水生植物，营造丰富的水岸植物景观。将花境引入滨河绿地景观中，利用一、二年生的球根、宿根花卉和观赏草等植物资源，展现出植物自然组合的群体美，打造生态的、高品质的线形绿化景观，突出武进"花都"特色，全面提升周边商住环境品质。

（7）铺装设计控制引导

自行车道铺装采用红色沥青；人行步道以灰白色系为主，根据环境需求，选择的范围适当放大，采用防腐木、青石、透水砖等；滨水人行栈道采用仿木材料，力求与周围环境相协调，尽量降低对生态环境的破坏；局部小型游憩空间采用暖色系，增加视觉效果，推荐材料为砂岩、防腐木、花岗岩等。

（8）照明控制引导

铺装广场、景观小品等为重点亮化对象,在保证安全照明的基础上,注重多样性和趣味性,灯具可采用景观灯、埋地灯、草坪灯、投光灯等。慢行系统、地形、植物景观等为普通照明对象,照明形式不宜过于复杂,灯具可采用路灯、埋地灯、投光灯、草坪灯等,灯具设置的高度和距离必须保证行人行车安全。其中路灯灯具外观宜选用深色系,样式以圆柱形为主,各路段风格相对统一。草坪灯灯具外观以冷色为主,样式活泼。景观灯灯具外观色彩明快,造型别致。

照明设施主要为 LED 灯,节能环保,灯光色彩柔和,带给人们舒适的视觉感受。

（9）标识系统控制引导

结合慢行道布局,沿线设置坐凳,供居民和游人休憩使用。可在小广场处设置展现"花都水城"的主题景观小品。材质以木材、石材、钢材为主,风格清新雅致,体现浪漫气息,同时应与周边居住区的风格定位相协调。

此段不设租赁站。

（10）服务设施和景观小品控制引导

设置信息墙、标距柱、管理说明标识、慢行道指示标识、租赁站指示标识、导向性指示标识、服务设施标识、禁止标识和安全警示标识等,标识标牌风格定位为自然质朴,选用具有亲和力的环保绿为标准色,传递出滨河绿化带生态环保、绿色自然的特点,标识文字、图片要求明确清晰。

（五）定安中路—长虹路

（1）规划范围

本区段北起定安中路,南至长虹路,规划为居住用地,主要为星河国际居住区,何留路至长虹路一段未出让(图 4-41)。

（2）整体风格

景观风格与相邻区段保持一致,清新雅致,营造诗意盎然的水岸空间,拉近人与自然的距离,为周边居民的日常生活增添浪漫气息。此段场地现状有大量的工业厂房,其中有些部分有较高的保留意义,能够记录当地的历史,可作为印象长沟的重要表现方面。

（3）慢行系统规划引导

① 慢行道选线

此段慢行道选线应满足滨河绿带慢行系统整体的连通性和小区居民日常出行便利两方面的需求。

② 慢行道断面形式

本段地势平坦,高差变化不明显,人行道与自行车道设在同一平面,

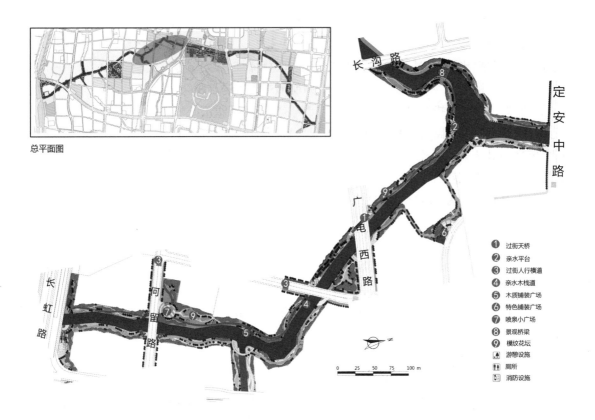

总平面图

① 过街天桥
② 亲水平台
③ 过街人行横道
④ 亲水木栈道
⑤ 木质铺装广场
⑥ 特色铺装广场
⑦ 喷泉小广场
⑧ 景观桥梁
⑨ 模纹花坛
🚻 游憩设施
🚻 厕所
🚒 消防设施

图4-41　定安中路—长虹路平面图

采用标准断面1(见图4-7)。自行车道尽量临水设置,宽度5 m;人行道临建筑设置,方便居民散步游赏,宽度2 m。

③ 换乘点

本段结合城市道路的公交停靠站设置一个二级租赁站。

(4) 建筑控制引导

长沟河东岸规划为居住区,其内部建筑根据城市规划中不同用地性质以及相关部门的管理规定合理建设。社区周边修建围墙,原则上应为透空型围墙,围墙高度不应超过1.6 m。

(5) 驳岸控制引导

本段毗邻居住区,人们活动频率相对较高,宜采用驳岸类别2(见图4-14)与驳岸类别6(见图4-18)相结合,营造优美的水岸景观。充分考虑人的亲水性,局部设置观景木平台。为保证安全性,临河必须设置栏杆,高度不小于1.05 m。星河国际一期工程已建设完成,其采用的是自然式驳岸,规划的其余河段驳岸应注意与此段风格衔接协调、和谐过渡。

(6) 照明控制引导

保证园路照明,以植物景观照明为主,重点展示花卉和观赏草景观,局部配合景观小品照明和水景照明。铺装广场等小型游憩空间可作为重点亮化对象。局部沿岸线布置灯带,营造靓丽夜景。

灯具形式以简洁为主,风格现代典雅稳重,尽量使灯具的造型与其环境植物的几何图形形状相协调。照明设施主要为 LED 灯,类型包括路灯、景观灯、埋地灯、草坪灯、护栏管、灯带、投光灯等。路灯宜选用深色系或黑色,易于和树木颜色融为一体,与周围建筑物风格相协调。草坪灯以冷色调为主,样式活泼,造型别致。景观灯色调明快,样式以圆柱形为主。

(7) 标识系统控制引导

设置信息墙、标距柱、管理说明标识、慢行道指示标识、租赁站指示标识、导向性指示标识、服务设施指示标识、服务设施标识、禁止标识和安全警示标识等,标识标牌风格定位为自然质朴,选用具有亲和力的环保绿为标准色,传递出滨河绿化带生态环保、绿色自然的特点,标识文字、图片要求明确清晰。

(8) 服务设施和景观小品控制引导

适当设置服务设施,如廊架、坐凳、公厕、垃圾桶、人行护栏等,另外设立一个自行车租赁点。其中亭廊、坐凳、垃圾桶采用木材作为建设材料。景观小品要能与周围环境协调,同时增加景观的趣味性。

(六) 长虹中路—延政西路[淹城参照 4.5.3.4(五)]

(七) 延政西路—漷湖中路(居住、商住结合、教育科研)

(1) 规划范围

延政西路与河道交叉口至漷湖中路与河道交叉口。

(2) 整体风格

与东岸在建区域风格相协调,同时结合周围用地性质,以体现高品质为主,同时兼顾生态宜居(图 4-42)。

(3) 慢行系统规划引导

① 慢行道选线

保证此段慢行系统的连通,自行车道尽量沿河道一侧分布,可以与游步道偶尔交叉。

② 慢行道断面形式

该段规划范围基本上只有沿河 20 m 宽的范围,相对较为狭窄,现状存在一定的高差。建议采用标准断面 4,其中自行车道沿河一侧分布,宽度 5 m,游步道宽度 2 m(见图 4-10)。

③ 换乘点

此段不设换乘点。

(4) 建筑控制引导

周边为教育科研用地、居住用地以及商住混合用地。其内部建筑根据城市规划中不同用地性质以及相关部门的管理规定合理建设。社区周

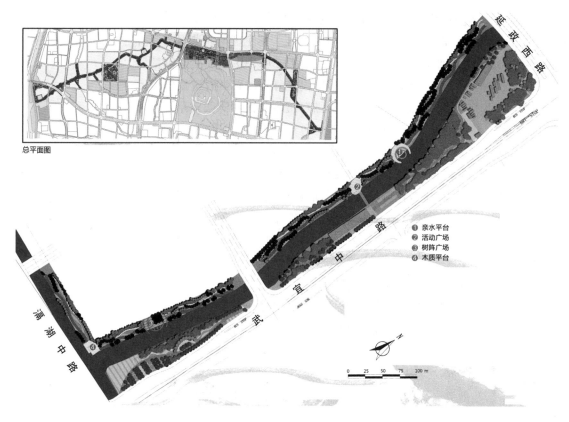

总平面图

① 亲水平台
② 活动广场
③ 树阵广场
④ 木质平台

0 25 50 75 100 m

图4-42 延政西路—滆湖中路平面图

边修建围墙,原则上应为透空围墙,围墙高度不应超过1.6 m。

（5）驳岸控制引导

以硬质驳岸为主,局部宽度允许的条件下采用自然式护坡。充分考虑驳岸亲水性,局部设置观景木平台。为保证安全性,临河必须设置栏杆,高度不小于1.05 m。布局形式上驳岸类别1（见图4-13）、驳岸类别2（见图4-14）与驳岸类别4（见图4-16）相结合。

（6）绿化景观控制引导

绿化整体风格清新简约,采用自然式和规则式绿化相结合,根据慢行道的布局合理配置行道树和植物组团,开敞空间合理布置树阵。配合驳岸形式栽植丰富的水生植物,营造丰富的水岸植物景观。将花境引入滨河绿地景观中,利用一、二年生的球根、宿根花卉和观赏草等植物资源,展现出植物自然组合的群体美,打造生态的、高品质的线形绿化景观,突出武进"花都"特色,全面提升周边商住环境品质。

（7）铺装设计控制引导

自行车道铺装采用红色沥青;人行步道以灰白色系为主,根据环境需求,选择的范围适当放大,采用防腐木、青石、透水砖等;滨水人行栈道采用仿木材料,力求与周围环境相协调,尽量降低对生态环境的干扰;局部小型游憩空间采用暖色系,有所变化,增加视觉效果,推荐材料有砂岩、防腐木、花岗岩等。

（8）照明控制引导

此节点为商住混合,照明较为重要,要能够体现高品质。铺装广场等小型游憩空间可作为重点亮化对象。局部沿岸线布置灯带,营造靓丽夜景。

铺装广场、构筑物、景观小品等为重点亮化对象,在保证安全照明的基础上,注重多样性和趣味性,灯具可采用景观灯、埋地灯、草坪灯、投光灯等。慢行系统、地形、植物景观等为普通照明对象,照明形式不宜过于复杂,灯具可采用路灯、埋地灯、投光灯、草坪灯等,灯具设置的高度和距离必须保证行人行车安全。路灯灯具外观宜选用深色系,样式以圆柱形为主,各路段风格相对统一。草坪灯灯具外观以冷色为主,样式活泼。景观灯灯具外观色彩明快,造型别致。

（9）标识系统控制引导

设置信息墙、标距柱、管理说明标识、景观介绍标识、慢行道指示标识、租赁站指示标识、导向性指示标识、服务设施指示标识、禁止标识和安全警示标识等,标识标牌风格定位为自然质朴,选用具有亲和力的环保绿为标准色,传递出滨河绿化带生态环保、绿色自然的特点,标识文字、图片要求明确清晰。

（10）服务设施和景观小品控制引导

适当设置服务设施,如亭廊、坐凳、小卖部、茶座、垃圾桶等,风格和色彩与该段东岸相统一。景观小品要与周围环境协调,同时增加景观的趣味性。

（八）漏湖路—战斗路

（1）规划范围

本区段北起漏湖路,南至战斗路,周边规划为居住用地（图4-43）。

（2）整体风格

景观风格以生态宜居和高品质为主导,在与相邻区段保持一致的前提下,突出丰富、精致的景观特色。

（3）慢行系统规划引导

① 慢行道选线

此段慢行道选线应满足滨河绿带慢行系统整体的连通性和周围居民日常出行便利两方面的需求。自行车道宜临水设置,人行道靠近外围建筑。

② 慢行道断面形式

本段地势平坦,高差变化不明显,人行道与自行车道设在同一平面,根据实际情况合理布局。

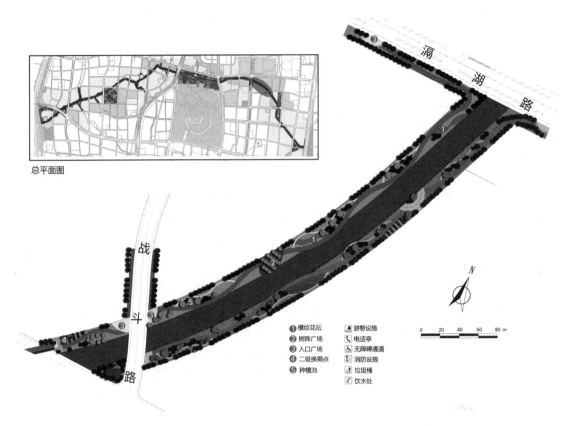

总平面图

图4-43 漏湖路—战斗路平面图

布局形式可采用标准断面1。自行车道临水设置,宽度不小于3 m,两侧栽植花草树木,既保障行车安全,又增添美感。人行道临建筑设置,宽度不小于2 m,方便人们散步游赏。局部布局可采用标准断面2,自行车道和人行道合并,宽度不小于5 m。

③ 换乘点

本段最南端设置一个二级换乘点,方便周边居民使用(见图4-7、图4-8)。

(4)建筑控制引导

河西岸规划为居住区,其内部建筑根据城市规划中不同用地性质以及相关部门的管理规定合理建设。社区周边修建围墙,原则上应为透空型围墙,围墙高度不应超过1.6 m。

(5)驳岸控制引导

本段人们活动频率相对较高,以驳岸类别4(见图4-16)为主,营造优美的水岸景观。充分考虑人的亲水性,局部可采用驳岸类别2,设置观景平台(见图4-14)。

(6)绿化景观控制引导

绿化整体风格清新简约,采用自然式和规则式绿化相结合,根据慢行道的布局合理配置行道树和植物组团,开敞空间合理布置树阵。配合驳岸形式栽植丰富的水生植物,营造丰富的水岸植物景观。将花境引入滨河绿地景观中,利用一、二年生的球根、宿根花卉和观赏草等植物资源,展现出植物自然组合的群体美,打造生态的、高品质的线形绿化景观,突出武进"花都"特色,全面提升周边商住环境品质。

(7) 铺装设计控制引导

自行车道铺装采用红色沥青;人行步道以灰白色系为主,根据环境需求,选择的范围适当放大,采用防腐木、青石、透水砖等;局部小型游憩空间采用暖色系,有所变化,增加视觉效果,推荐材料有砂岩、防腐木、花岗岩等。

(8) 照明控制引导

保证园路照明,以植物景观照明为主,重点展示花卉和观赏草景观,局部配合景观小品照明和水景照明。灯具外观与居住区建筑及绿化景观相协调,造型简洁,色彩明丽。结合驳岸,可沿岸线布置灯带,营造靓丽夜景。

植物景观等为普通照明对象,照明形式不宜过于复杂,灯具可采用路灯、埋地灯、投光灯、草坪灯等,灯具设置的高度和距离必须保证行人行车安全。路灯灯具外观宜选用深色系,样式以圆柱形为主,各路段风格相对统一。草坪灯灯具外观以冷色为主,样式活泼。景观灯灯具外观色彩明快,造型别致。照明设施主要为 LED 灯,节能环保,灯光色彩柔和,带给人们舒适的视觉感受。

(9) 标识系统控制引导

设置信息墙、标距柱、管理说明标识、慢行道指示标识、租赁站指示标识、导向性指示标识、服务设施标识、禁止标识和安全警示标识等,标识标牌风格定位为自然质朴,选用具有亲和力的环保绿为标准色,传递出滨河绿化带生态环保、绿色自然的特点,标识文字、图片要求明确清晰。

(10) 服务设施和景观小品控制引导

结合慢行道布局,沿线设置坐凳,供居民和游人休憩使用。可在小广场处设置展现"花都水城"的主题景观小品,外观要求精致、细腻,也可设置融入工业元素的景观小品,延续场地历史记忆。材质以木材、石材、钢材为主。设立一个二级自行车租赁点。

(九) 战斗路—小留河河道交叉口(已出让)

(1) 规划范围

长沟河与战斗路交叉口至长沟河与小留河河道交叉口(图 4-44)。

(2) 整体风格

以体现宜居和品质为主,改善周边城市风格。

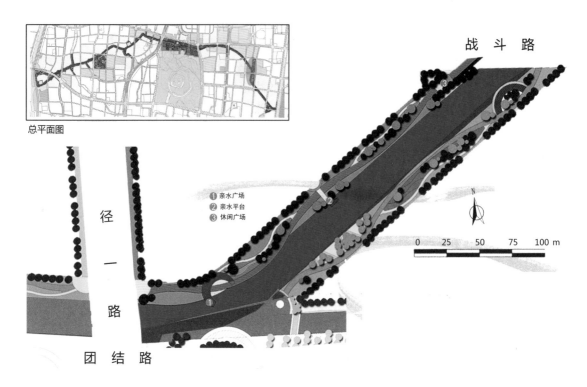

总平面图

❶ 亲水广场
❷ 亲水平台
❸ 休闲广场

N

0   25   50   75   100 m

图 4-44　战斗路—小留河河道交叉口平面图

（3）慢行系统规划引导

① 慢行道选线

此段慢行道选线应满足滨河绿带慢行系统整体的连通性，与周边商业活动空间结合，同时方便周围居民的日常出行。

② 慢行道断面形式

本段地势平坦，高差变化不明显，人行道与自行车道设在同一平面，根据实际情况合理布局。

布局形式可采用标准断面 1（见图 4-7），自行车道临水设置，宽度不小于 3 m，两侧栽植花草树木，既保障行车安全，又增添美感。人行道临建筑设置，宽度不小于 2 m，方便人们散步游赏。局部布局可采用标准断面 2，自行车道和人行道合并，宽度不小于 5 m（见图 4-8）。

③ 租赁站

此段不设租赁站。

（4）建筑控制引导

河西岸规划为商住混合用地，其内部建筑根据城市规划中不同用地性质以及相关部门的管理规定合理建设。周边局部修建围墙，原则上应为透空围墙，围墙高度不应超过 1.6 m。

（5）驳岸控制引导

本段人们活动频率相对较高，以驳岸类别 4（见图 4-16）为主，营造优美的水岸景观。充分考虑人的亲水性,局部可采用驳岸类别2(见图4-14)和驳岸类别5(见图4-13),设置观景木平台和台阶式驳岸。

(6)绿化景观控制引导

绿化整体风格清新简约,采用自然式和规则式绿化相结合,根据慢行道的布局合理配置行道树和植物组团,开敞空间合理布置树阵和规则式绿篱。配合驳岸形式栽植丰富的水生植物,营造丰富的水岸植物景观。自行车道临河一侧可栽植路缘花境,既起到安全隔离的作用,又精致美观。

(7)铺装设计控制引导

此段场地现状有大量的工业厂房,其中有些部分有较高的保留意义,铺装上考虑现有的工程材料,提取可用的材料、色彩等元素,尽可能地保留原场地的建筑废料进行再加工利用,延续场地记忆。自行车道铺装可用红色塑胶,人行步道可用防腐木、青石、透水砖等,滨水人行栈道采用防腐木铺装,力求与周围环境相协调。

(8)照明控制引导

灯具外观与周围建筑及绿化景观相协调,造型简洁,色彩明丽,能够体现高品质的整体景观。结合驳岸,沿岸线布置灯带,营造靓丽夜景。保证园路照明和构筑物照明,局部配合景观小品照明和水景照明,展示浪漫的滨河夜景。

铺装广场、构筑物、景观小品等为重点亮化对象,在保证安全照明的基础上,注重多样性和趣味性,灯具可采用景观灯、埋地灯、草坪灯、投光灯、护栏管、灯带等。慢行系统、植物景观等为普通照明对象,照明形式不宜过于复杂,灯具可采用路灯、埋地灯、投光灯、草坪灯等,灯具设置的高度和距离必须保证行人行车安全。路灯灯具外观宜选用深色系,样式以圆柱形为主,各路段风格相对统一。草坪灯灯具外观以冷色为主,样式活泼。景观灯灯具外观色彩明快,造型别致。

(9)标识系统控制引导

设置信息墙、标距柱、管理说明标识、慢行道指示标识、租赁站指示标识、导向性指示标识、服务设施指示标识、禁止标识和安全警示标识等,标识标牌风格定位为自然质朴,选用具有亲和力的环保绿为标准色,传递出滨河绿化带生态环保、绿色自然的特点,标识文字、图片要求明确清晰。

(10)服务设施和景观小品控制引导

结合慢行道布局,沿线设置坐凳。在合适地点营建亭廊、花架、茶座、小卖部,供居民和游人休憩使用。可在小广场处设置展现"花都水城"的主题景观小品,外观要求精致、细腻。也可设置融入工业元素的景观小品,延续场地历史记忆。材质以木材、石材、钢材为主。此段不设租赁站。

（十）小留河河道交叉口—武南路

（1）规划范围

北起长沟河与小留河交叉口，南至长沟河与武南路交叉口，周边规划为居住区。

（2）整体风格

体现宜居和品质，提高城市滨水环境质量。此段场地现状有大量的工业厂房，其中部分厂房有较高的保留意义，代表着时代的印迹，记录着场地的历史，可作为印象长沟的重要表现地段（图4-45）。

（3）慢行系统规划引导

① 慢行道选线

保证慢行系统的连通，同时节点处注意与节点内部道路的衔接。

② 慢行道断面形式

该段绿地除了鸣新西路南侧绿地节点外，其他绿地相对狭窄，整段现状高差变化不大，无明显地形变化。采用以下两种绿道方式：狭窄地段绿道采用标准断面2，道路宽度6 m；小型节点处相对宽敞，采用标准断面1，其中自行车道宽度5 m，游步道宽度2 m（见图4-7）。

③ 换乘点

本区段作为整个滨河绿化带的终点，在节点处结合公交站点，设一个一级自行车租赁点，规模可停靠40辆自行车。

图 4-45　小留河河道交
叉口—武南路平面图

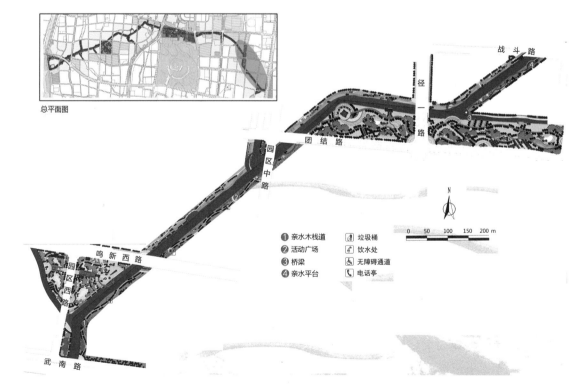

（4）建筑控制引导

周边用地均为居住区，内部建筑根据城市规划中不同用地性质以及相关部门的管理规定合理建设。社区周边修建围墙，原则上应为透空型围墙，围墙高度不应超过 1.6 m。

（5）驳岸控制引导

此段驳岸设计以体现宜居和品质为主，注重亲水性和生态性，整体风格要相对统一。驳岸形式可采用类别 1（图 4-13）——主要用于狭长地带布局，是本段驳岸的主要形式。

驳岸类别 5（图 4-17）——台阶式分层处理，改造成景观式阶梯，不仅可以提供游憩的空间，也为野生动植物提供栖息地，用于局部亲水驳岸。

驳岸类别 2（图 4-14）——设置观景木平台。

驳岸类别 3（图 4-15）——用于周围环境不适合或者条件不允许有亲水空间的地段，营造自然景观。另外鸣新西路南侧绿地节点以营造生态植物景观为主，建议采用此类驳岸。

（6）绿化景观控制引导

绿化整体风格清新简约，主要采用自然式绿化，根据慢行道的布局合理配置行道树和植物组团。配合驳岸形式栽植丰富的水生植物，营造丰富的水岸植物景观。将花境引入滨河绿地景观中，利用一、二年生的球根、宿根花卉和观赏草等植物资源，展现出植物自然组合的群体美，打造生态的、高品质的线形绿化景观，突出武进"花都"特色，营造浪漫宜居的生活环境。

（7）铺装设计控制引导

自行车道铺装采用红色沥青；人行步道以灰白色系为主，根据环境需求，选择的范围适当放大，采用防腐木、青石、透水砖等；局部小型游憩空间采用暖色系，有所变化，增加视觉效果，推荐材料为砂岩、防腐木、花岗岩等。

该节点现状有大量的工业厂房，其中部分有较高的保留价值，铺装上可以考虑现有的工程材料，提取可用的材料、色彩等元素，尽可能地保留原场地的建筑废料进行再加工利用，延续工业记忆。

（8）照明控制引导

以夜间安全照明为主，尽可能减少对植物生长的影响。保证园路照明和构筑物照明，局部配合景观小品照明和水景照明，展示自然浪漫的滨河夜景。

铺装广场、构筑物、水景、景观小品等为重点亮化对象，在保证安全照明的基础上，注重多样性和趣味性，灯具可采用景观灯、埋地灯、草坪灯、投光灯、护栏管、灯带、喷泉灯等。慢行系统、地形、植物景观等为普通照明对象，照明形式不宜过于复杂，灯具可采用路灯、埋地灯、投光灯、草坪灯等，灯具设置的高度和距离必须保证行人行车安全。路灯灯具外观宜选用深色系,样式以圆柱形为主,各路段风格相对统一。草坪灯灯具外观以冷色为主,样式活泼。景观灯灯具外观色彩明快,造型别致。

照明设施主要为 LED 灯,节能环保,灯光色彩柔和,带给人们舒适的视觉感受。

(9) 标识系统控制引导

设置信息墙、标距柱、管理说明标识、景观介绍标识、慢行道指示标识、租赁站指示标识、导向性指示标识、服务设施指示标识、禁止标识和安全警示标识等,标识标牌风格定位为自然质朴,选用具有亲和力的环保绿为标准色,传递出滨河绿化带生态环保、绿色自然的特点,标识文字、图片要求明确清晰。

(10) 服务设施和景观小品控制引导

结合慢行道布局,沿线设置坐凳。在合适的地点设置亭廊、花架,供居民和游人休憩使用。可在小广场处设置展现"花都水城"的主题景观小品,外观要求精致、细腻。也可设置融入工业元素的景观小品,延续场地历史记忆。材质以木材、石材、钢材为主。

该段节点内设立一处二级租赁站。

4.5.5 植物规划名录

表 4-2 乔木、灌木、草坪、水生植物总表

类别	习性	树种
乔木	常绿	香樟、广玉兰、雪松、女贞、杜英、龙柏、罗汉松、侧柏、日本柳杉、粗榧、苦槠、石栎、青冈栎、石楠、椤木石楠、红楠、大叶楠、浙江樟、木莲、深山含笑、柑橘、冬青、香橼、枇杷、雪松、黑松、棕榈等
	落叶	水杉、落羽杉、池杉、银杏、杨树、旱柳、馒头柳、垂柳、薄壳山核桃、榆树、榔榆、榉树、朴树、马褂木、法桐、海棠花、红叶李、樱花、合欢、刺槐、国槐、臭椿、香椿、苦楝、重阳木、油桐、乌桕、黄连木、五角枫、三角枫、复叶槭、七叶树、栾树、无患子、青桐、白蜡树、白花泡桐、楸树、白玉兰、柿子、枫杨、金钱松、枫香、龙爪槐、白栎、糙叶树、青檀、桑树、盐肤木、漆树、茶条槭、鸡爪槭、刺楸、厚朴、檫木皂荚、西府海棠、垂丝海棠、李、杏、梅、桃等
灌木	常绿	桂花、油茶、山茶花、茶梅、铺地柏、翠柏、十大功劳、含笑、火棘、石楠、木香、黄杨、大叶黄杨、枸骨、毛鹃、金丝桃、瑞香、胡颓子、桂花、夹竹桃、栀子花、六月雪、珊瑚树、海桐、南天竹、桃叶珊瑚、八角金盘小蜡、丝兰、凤尾兰等
	落叶	无花果、紫玉兰、蜡梅、溲疏、蜡瓣花、榆叶梅、龙爪槐、紫穗槐、丝棉木、连翘、醉鱼草、贴梗海棠、木瓜海棠、木瓜、山麻杆、卫矛、木槿、木芙蓉、紫薇、石榴、紫荆、接骨木、金银木、木本绣球、蝴蝶绣球、天目琼花、荚蒾、结香、红瑞木、红枫、羽毛枫、四照花、山茱萸、欧洲丁香

续表 4-2

类别	习性	树种
草坪		马尼拉、高羊茅、早熟禾、黑麦草、狗牙根等
水生	挺水	荷花、千屈菜、菖蒲、黄菖蒲、香蒲、水葱、再力花、梭鱼草、花叶芦竹、泽泻、鸭舌草、矮慈姑、旱伞草、芦苇等
	浮水	王莲、睡莲、萍蓬草、芡实、荇菜等
	沉水	软骨草属或狐尾藻属植物

表 4-3 观赏草总表

名称	科别	习性	水分	株型	叶色	叶形	花色	高度/cm	冠幅/cm
狼尾草	禾本科	落叶	中生	丛生	嫩绿	线形	紫色	15～40	30
拂子茅	禾本科	常绿	中生	丛生	绿色	线形	淡绿	45～100	40
小盼草	禾本科	落叶	中生	丛生	绿色	宽线形	淡绿	30～50	30
大凌风草	禾本科	落叶	中生	丛生	绿色	宽线形	红褐	60～80	60
芒	禾本科	落叶	中生	丛生	绿色	线形	红色	100～200	100
玉带草	禾本科	常绿	中生	单生	绿色	线形	不观花	40～80	30
巨针茅	禾本科	常绿	中生	密丛生	灰绿	丝形	白色	200～250	150
蜜糖草	禾本科	落叶	中生	丛生	蓝绿	线形	粉红	30～50	30
蓝滨麦	禾本科	常绿	中生	丛生	银蓝	线形	不观花	40～60	50
蓝羊茅	禾本科	常绿	中生	丛生	银蓝	丝形	白色	40～60	50
兔尾草	禾本科	落叶	中生	丛生	绿色	窄线形	白色	40～60	50
芦竹	禾本科	落叶	湿生	丛生	绿色	宽线形	白色	200～300	100
血草	禾本科	落叶	中生	丛生	血红	宽线形	白色	30～50	20
香茅	禾本科	常绿	中生	丛生	绿色	带形	不观花	60～120	80
大油芒	禾本科	落叶	中生	丛生	紫红	线形	不观花	50～120	80
埃及莎草	莎草科	常绿	水生	高秆丛生	退化	退化	绿苞片	100～150	100
蓝苔草	莎草科	常绿	中生	丛生	蓝绿	线形	不观花	60～80	60
灯心草	灯心草科	常绿	水生	丛生	蓝绿	细柱形	不观花	70	30
金线蒲	天南星科	常绿	湿生	丛生	绿色金线	线形	不观花	20～30	20
水葱	莎草科	落叶	水生	丛生	绿色	圆柱形	不观花	120～150	50
香蒲	禾本科	落叶	水生	丛生	绿色	带形	棕色	120～100	80
银边草	禾本科	常绿	中生	丛生银边	绿叶	线形	不观花	30～50	30

表 4-4 花境总表

科名	种名	株高/cm	花色	花期(月份)
菊科	黄金菊	60～90	黄	6～11
	银叶菊	50～80	黄	6～9
	勋章菊	15～20	白、黄、橙红	5～10
	孔雀草	30～40	黄、橘黄、橙	3～5,8～12
	南非万寿菊	20～60	白、粉、紫等	5～9

续表 4-4

科名	种名	株高/cm	花色	花期(月份)
菊科	雏菊	15~20	白、粉、红	3~6
	金鸡菊	50~100	黄	6~9
	多花亚菊	20~50	黄	9~11
	桂圆菊	30~40	黄褐	7~10
	波斯菊	40~120	白、粉、紫红	7~10
	百日草	60~90	白、黄、粉等	8~10
唇形科	一串红	30~80	红、黄	7~11
	鼠尾草	30~60	蓝、紫、青	6~10
	薰衣草	30~90	蓝、紫、白等	6~8
	藿香	50~150	淡紫蓝	6~9
	彩叶草	50~80	叶色红、紫红	3~10
毛茛科	花毛茛	20~40	白、红、黄等	3~5
	大花耧斗菜	30~60	紫、白、紫红	5~7
	耧斗菜	40~70	紫、白、青	5~7
	大花飞燕草	35~65	蓝、紫蓝	8~9
玄参科	猴面花	30~40	黄+紫红斑点	4~6
	龙面花	30~60	白、黄、橙等	6~10
车前科	金鱼草	20~70	白、红、黄等	3~3,11~12
马钱科	醉鱼草	—	紫、白、黄	4~7
百合科	萱草	60~100	橘红	6~7
	大花萱草	30~40	黄、紫红	5~10
	麦冬	10~30	淡紫	5~8
	凤尾兰	40~100	白	6~10
	火炬花	50~100	橙红	6~8
	花叶玉簪	30~60	白	6~9
	郁金香	20~50	白、红、紫等	3~S
石竹科	石竹	30~40	红、粉、白等	4~5
	剪秋罗	25~85	暗红	6~8
鸢尾科	黄菖蒲	60~150	黄	5~6
	唐菖蒲	60~150	红、黄、白等	3~5
	马蔺	30~70	蓝	5~6
凤仙花科	凤仙	30~60	白、粉、紫等	6~11
	洋凤仙	15~60	红、粉等	5~11
美人蕉科	美人蕉	60~150	紫红、黄	5~11
	花叶美人蕉	70~140	红、橙、黄	7~10
虎耳草科	八仙花	100~400	粉、蓝、白等	6~8
	虎耳草	—	黄、白	5~8
十字花科	羽衣甘蓝	15~30	—	—
	桂竹香	35~50	橙黄、黄褐等	4~6
苋科	鸡冠花	40~100	白、黄、红等	7~12
夹竹桃科	花叶蔓长春	—	蓝紫	—
桔梗科	桔梗	40~90	蓝紫、蓝白等	6~10

续表 4-4

科名	种名	株高/cm	花色	花期(月份)
花白菜科	醉蝶花	60～80	紫、粉、白	6～9
罂粟科	虞美人	40～70	红、黄、白等	4～7
堇菜科	三色堇	10～40	紫、白、黄	4～7
马鞭草科	宿根美女樱	20～50	红、紫蓝	4～11
酢浆草科	酢浆草	5～20	粉红、黄	4～10
茄科	矮牵牛	15～80	红、白、粉等	5～7

5　结论与展望

随着城市绿道在城市发展中的地位越来越重要,各个城市不断加大城市绿道的研究与建设。在此背景下,对城市绿道景观地域性的研究就显得十分有必要了。尤其在当今城市发展全球化的趋势下,由于我国目前对于绿道的研究还不够成熟,只能依靠国外经验和国内少部分学者的总结,城市绿道景观已经面临着"千城一面"的困扰,城市绿道景观中地域性与特色的表达缺失严重。事实上,在城市形成发展的过程中,地域性特征一直伴随城市,并且始终具有不可忽视的作用,是突显城市特色与魅力的关键因素。因此,只有植根于地域性的城市绿道景观才能受到人们越来越多的关注,才能发挥城市绿道真正的功能。

本书首先明确了城市绿道和地域性相关概念,论述了城市绿道景观中地域性的意义以及城市绿道景观中地域性表达的原则和方法。然后通过深入分析青岛崂山路、常州市南部新城长沟河两岸绿道地域性对于城市绿道景观的影响。最后用实例验证地域性在城市绿道景观中的表达方法,得出以下结论:

5.1　结　论

5.1.1　城市绿道景观中地域性的表达具有重要意义

在自然景观的基础上,人们留下了生存的痕迹,这些痕迹即为文化,地域性景观设计通过关注人们的生活根基以及场地的过去与未来,延续历史的文脉,或是一种生活方式,甚至是一种心理共鸣,打造属于当地的、本时代的景观。

城市的建设与发展是在所处地域各种自然条件的基础上进行的建设与改造,城市的人文环境则与其形成过程中的历史文化有着密切的关系。自然地理环境与历史人文艺术的差异使得每个城市都应具有自己的独特内涵与地方性文化特色。

近年来,伴随着我国对城市绿道研究的深入,各地兴起了对城市绿道的建设。然而由于早期对于绿道研究的理论和实际经验不足,使得城市绿道的建设方式及风格趋向一致。这样的形势下,城市绿道景观设计产生了大量的问题。从宏观上而言,就是导致了城市绿道建设的千篇一律;从微观上而言,对于一个城市来说则丧失了城市绿道景观的特色。从人类的角度来看,严重损害了人的家乡情怀,忽略了"以人为本"这一最为根本的设计理念。

因此,在这样的大环境中,城市绿道景观中对于地域性的表达显得尤为重要。首先城市绿道景观中地域性的表达能够帮助人们营造场所精神,通过对地域环境中地形地貌的尊重、乡土树种的应用等方式,给当地人们创造了领域感;其次城市绿道作为距离较长的线形绿色开放空间,通过串联城市历史文化遗址、公园等场所,很大程度上能够展现历史风貌,表达文化内涵;最后城市绿道景观中地域性的表达可以让人加深对绿道景观的印象,换言之,也是进一步了解城市特色的一种方法和手段,为城市提供展示鲜明特色文化的平台。因而,城市绿道景观中地域性的表达具有重要意义。

5.1.2 城市绿道景观中地域性的表达需要重视其表达手法

根据地域性的构成要素以及城市绿道景观设计要素,在实际的城市绿道景观地域性表达上首先要结合地域性特征整理设计场所所在的城市的相关资料,然后寻找具有特色性标示的设计要素,这些要素可以从地域性特征的自然层面和人文层面来搜索获得。在理清所需设计要素及遵循城市绿道景观设计相关原则的前提下,综合分析城市地域性对于城市绿道景观的影响。最后考虑如何将这些要素转化为设计的理念及表达的方式融入设计之中,这就需要运用地域性的表达手法。

所谓地域性在城市绿道景观中的表达手法,就是在城市绿道景观设计中将地域性特征的各个要素通过某种表达途径表现出来。本书主要总结为从界面处理、植被绿化、公共服务设施设计、游径设计以及节点设计这五个方面出发,通过不同的方式表达地域性。

5.2 展望

总之,城市绿道景观设计的特色表达离不开地域性特征,在设计中通过仔细筛选场地的自然因素与人文因素中的表达内容,提取凝练,寻求最具有特征性与代表性的地区因素。同时,尊重地域性的场地精神以及当地的人文风情,平衡运用,协调一致,从而形成独具特色的地域性城市绿道景观。

本书对城市绿道景观中的地域性表达进行了初步探讨和研究,由于篇幅及笔者水平、精力有限,研究成果不够完善,在此不能进行一个更为深入、全面的可行性分析与研究,因此有待于进一步的深化。希望本书能够为城市绿道的研究提供可参考的方向,对未来我国城市绿道的建设有所帮助。

参考文献

［ 1 ］ Whyte W H. Securing open space for urban America：conservation easements ［M］. Washington：Urban Land Institute,1959：69.

［ 2 ］ President's Commission on Americans Outdoors. Americans outdoors：the legacy，the challenge，with case studies［M］. Washington：Island Press,1987.

［ 3 ］ Little C. Greenways for America［M］. Baltimore：Johns Hopkins University Press,1990：7-20.

［ 4 ］ 张逊. 景观设计中的地域性［J］.大众文艺,2011(24)：129.

［ 5 ］ 范璐璐. 茶园规划设计中茶文化旅游的应用研究［D］.雅安：四川农业大学,2016.

［ 6 ］ 郑少丹. 地域性景观设计与道教文化［J］.城市建设理论研究,2013(2)：1-4.

［ 7 ］ Frank G. Novak Jr. Lewis Mumford and Patrick Geddes：The Correspondence ［M］. New York：Routledge，1995.

［ 8 ］ LI S X. Lewis Mumford：Critic of Culture and Civilization［M］. Bern：Peter Lang，2009.

［ 9 ］ 丁毅. 自然与人文相融合的地域性景观设计研究［D］.杭州：浙江大学,2010.

［10］ 计成,胡天寿. 园冶［M］.重庆：重庆出版社,2009.

［11］ Zube E H. Greenways and the US National Park System［J］. Landscape and Urban Planning，1995,33(1/2/3)：17-25.

［12］ Khan Hasan-Uddin. Charles Correa［M］. Singapore：Concept Media Ltd，1987.

［13］ 徐亦亭. 论中国古代的民族区域文化［J］.内蒙古社会科学,1992,13(6)：64-68.

［14］ 布正伟. 建筑语言的基本语法规则(下)［J］.新建筑,2001(2)：61-63.

［15］ 肖辉. 风景园林设计语言的地域性分析［D］.北京：北京林业大学,2008.

［16］ 陈懿君,阮如舫. 城市商业步行街景观的地域性营造：以苏州观前街为例［J］.江苏建筑,2012(2)：9-11.

［17］ 赵汝芝. 城市中心广场地域性景观设计研究［D］.济南：山东建筑大学,2012.

［18］ 郝宏波,闫晓云,刘子龙. 居住区园林景观中的自然要素分析［J］.内蒙古农业大学学报(自然科学版),2008(2)：217-220.

［19］ Fábos J G. Greenway planning in the United States：its origins and recent case studies［J］. Landscape and Urban Planning，2004,68(2/3)：321-342.

［20］ Turner T. Greenway planning in Britain：recent work and future plans［J］. Landscape and Urban Planning，2006,76(1-4)：240-251.

［21］ European Greenways Association. The European Greenways Good Practice Guide：examples of actions undertaken in cities and the periphery［EB/OL］.

(2000-07-03)[2019-09-23]. http://www. a21italy. it/a21italy/enviplans/
guidelines/reading/mobility/greenwaysBPEUguide05en. pdf.

[22] 张文,范闻捷. 城市中的绿色通道及其功能[J]. 国外城市规划,2000(3):40-43.

[23] 刘滨谊,余畅. 美国绿道网络规划的发展与启示[J]. 中国园林,2001(6):77-81.

[24] 郑志元,陈刚,王珊珊. 城市旧城更新中绿道空间环境活力与地域化研究[J]. 中
外建筑,2011(10):39-40.

[25] 张庆费. 城市绿色网络及其构建框架[J]. 城市规划汇刊,2002(1):75-78.

[26] 赵兵,谢园方. 江南水乡休闲绿道建设:以昆山花桥国际商务城为例[J]. 南京林
业大学学报,2009(1):75-80.

[27] 季洪亮,段渊古,张杨. 绿道在城市绿地系统规划中的应用[J]. 西北林学院学
报,2011,26(6):186-189.

[28] 西蒙兹. 大地景观:环境规划设计手册[M]. 程里尧,译. 北京:中国建筑工业出版
社,1990.

[29] 青岛市史志办公室. 青岛市志(自然地理志/气象志)[M]. 北京:新华出版
社,1997.

[30] 乔磊,矫明阳,董丽. 城市化进程中青岛地区地域性植物景观的营建[J]. 黑龙江
农业科学,2011(5):79-82.

[31] 青岛市文化和旅游局. 青岛市旅游业"十一五"规划文本[EB/OL]. (2007-10-
10)[2019-11-25]. http://www. qingdao. gov. cn/n172/n24624151/n24627795/
n24627809/n24627851/120911182701011537. html.

[32] 青岛市规划局. 青岛市城市总体规划(2006—2020)[EB/OL]. (2009-07-22)
[2020-03-28]. http://www. qingdao. gov. cn/n172/n2915217/
100020090722130278. html.

[33] 秦春凤. 常州:生态绿城诠释城市发展追求[EB/OL]. (2015-01-15)[2020-04-
15]. http://wm. jschina. com. cn/9656/201501/t1958075_1. shtml.

内 容 提 要

本书立足于相关理论研究和具体实践成果,系统全面地研究绿道景观设计的地域性表达。首先梳理相关基础知识及理论,总结国内外绿道理论研究的进展,从城市绿道景观地域性表达的意义、方法等方面对城市绿道景观进行详细的解读,并结合国内外案例进行分析。在此背景和基础上,以国内具体实践成果青岛市崂山路城市绿道和常州市南部新城长沟河两岸绿道为例,研究地域性的绿道景观设计方法,为相关研究提供理论基础和思路参考。

本书适合风景园林专业高校师生及从事风景园林规划设计的工作人员参考阅读。

图书在版编目(CIP)数据

基于地域性的绿道景观设计 / 谷康等著. — 南京：
东南大学出版社,2020.12
　ISBN 978-7-5641-9345-4

　Ⅰ. ①基… Ⅱ. ①谷… Ⅲ. ①城市道路—道路绿化—
景观设计—研究 Ⅳ. ①TU985.18

中国版本图书馆 CIP 数据核字(2020)第 265429 号

基于地域性的绿道景观设计

JIYU DIYUXING DE LVDAO JINGGUAN SHEJI

著　　者：谷　康　徐国栋　张立平　朱春艳　等
出版发行：东南大学出版社
社　　址：南京市四牌楼2号　　邮编：210096
出 版 人：江建中
责任编辑：宋华莉　姜　来
网　　址：http://www.seupress.com
电子邮箱：press@seupress.com
经　　销：全国各地新华书店
印　　刷：南京新世纪联盟印务有限公司
开　　本：787 mm×1092 mm　1/16
印　　张：11
字　　数：248千字
版　　次：2020年12月第1版
印　　次：2020年12月第1次印刷
书　　号：ISBN 978-7-5641-9345-4
定　　价：118.00元